农作物育种态势研究丛书

Research on Global Wheat Molecular Breeding Situation and Industrialization

全球小麦分子育种态势及产业化分析研究

孔令博　王晶静　王晓梅　杨小薇
张　帆　何　微　林　巧◎著

電子工業出版社
Publishing House of Electronics Industry
北京 · BEIJING

内 容 简 介

本书以经济合作与发展组织（Organization for Economic Co-operation and Development，OECD）数据库、德温特创新平台（Derwent Innovation，DI）、Web of Science 核心合集（Science Citation Index Expanded，SCIE）数据库和科学技术会议录索引（Conference Proceedings Citation Index-Science，CPCI-S）数据库为数据源，全面收集了全球小麦产业化数据及小麦分子育种专利和论文文献。本书对小麦主产国家 / 地区的生产、贸易现状和未来发展趋势进行了系统分析和预测；对小麦分子育种的技术研发态势、专利申请的技术焦点、技术发展路线和专利演变规律进行了深入探究，对该领域的新兴技术进行了遴选和预测；对小麦分子育种领域各类产业主体的竞争力进行了对比剖析；对小麦分子育种的科研现状及高质量论文的来源、研究热点进行了阐述。

本书对小麦领域的管理者、科研工作者、相关从业人员及涉农相关行业人员，都具有较高的学习与参考价值；对未来小麦产业的发展、小麦遗传育种相关研究及知识产权保护等方面具有重要的指导意义。

本书适合政府科技管理部门、科研机构管理者及相关学科领域的研究人员阅读参考。

图书在版编目（CIP）数据

全球小麦分子育种态势及产业化分析研究 / 孔令博等著. —北京：电子工业出版社，2022.1
（农作物育种态势研究丛书）
ISBN 978-7-121-42712-1

Ⅰ. ①全… Ⅱ. ①孔… Ⅲ. ①小麦－遗传育种－专利－研究－世界 Ⅳ. ①S512.103.2
②G306

中国版本图书馆CIP数据核字（2022）第011287号

责任编辑：徐蕾薇
印　　刷：北京瑞禾彩色印刷有限公司
装　　订：北京瑞禾彩色印刷有限公司
出版发行：电子工业出版社
　　　　　北京市海淀区万寿路173信箱　　邮编：100036
开　　本：720×1000　1/16　印张：11.5　字数：184千字
版　　次：2022年1月第1版
印　　次：2022年1月第1次印刷
定　　价：138.00元

凡所购买电子工业出版社图书有缺损问题，请向购买书店调换。若书店售缺，请与本社发行部联系，联系及邮购电话：（010）88254888，88258888。

质量投诉请发邮件至 zlts@phei.com.cn，盗版侵权举报请发邮件至 dbqq@phei.com.cn。

本书咨询联系方式：xuqw@phei.com.cn。

前　言

小麦是禾本科小麦属植物的统称，代表种为普通小麦（学名：Triticum aestivum L.），是一年生或越年生草本植物。小麦的适应性强、分布广、用途多，是世界上最重要的粮食作物之一，全世界有35% ～ 40% 的人口以小麦为主要食粮。欧盟、中国、印度、俄罗斯、美国是全球小麦主要的生产国家 / 地区，同时也是主要的消费国家 / 地区。世界上最早栽培小麦的地区是两河流域。中国是世界上较早种植小麦的国家之一，且栽培小麦历史悠久。安徽省亳县钓鱼台新石器时代遗址中有炭化小麦种子；殷墟出土的甲骨文有“告麦”“食麦”的记载；《诗经•周颂•清庙思文》中有“贻我来牟”，亦作“麳麰”的记载；三国魏张揖《广雅》中也有“大麦，麰也；小麦，麳也”的记载；明代《天工开物》（1637 年）中记载，小麦在粮食生产中占有重要地位，已经遍布全国。20 世纪初，小麦在中国成为仅次于水稻的第二大粮食作物；2018 年，玉米种植面积超过稻谷、小麦，擢升为中国“谷物之首”，小麦逐步成为中国第三大粮食作物。通过大面积推广新品种、持续改进栽培技术等措施，小麦生产得以持续发展，而其持续的发展为保障国内粮食安全做出了重要贡献。

中国小麦育种，先后经历了以抗病和稳产为主、以矮化和高产为主和高产与优质育种并进等育种阶段。分子育种将现代生物技术手段整合到常规遗传育种方法中，并结合表现型和基因型筛选，能够缩短育种年限并提高育种效率，设计培育出优良新品种。小麦分子育种包括转基因技术、分子标记辅助选择、基因编辑、细胞工程育种、基因挖掘、分子设计育种等技术。本书从产业、专利、论文三个角度全面、深入揭示小麦分子育种领域的全球技术布局，客观展示产业和学科整体发展态势，一方面汇集全球小麦产业发展动态和未来趋势，另一方面揭示全球小麦分子育种领域国内外主要产业主体和重点技术，并结合产业数据、论文数据对小麦分子育种领域的热点主题进行剖析，将市场竞争、技术发展、研究现状有机结合。本书对从事小麦遗传育种相关的科研、产业和管理人员等具有重要参考价值，为中国加快小麦分子育种技术创新、实施种源“卡脖子”技术攻关等提供强有力的科技信息支撑。

目　录

第 1 章 研究概况

1.1 研究背景

小麦是禾本科小麦属植物的统称，代表种为普通小麦（学名：Triticum aestivum L.）。小麦作为三大谷物之首，在世界各地广泛种植，自古以来都是人类重要的粮食来源。小麦的颖果磨成面粉后可制作面包、馒头、饼干、面条等食物，发酵后可制成啤酒、酒精、白酒或生物质燃料。在世界范围内，绝大部分小麦都被当做食物食用，仅约有六分之一的小麦被作为饲料来饲喂牲畜。据史料记载，两河流域是世界上最早栽培小麦的地区，而中国是世界较早种植小麦的国家之一[1]。

在中国，小麦是第三大粮食作物，产量仅次于玉米和水稻。中国是全球最大的小麦生产国和消费国，常年产量约占全球总产量的17%。小麦在中国的栽培与发展已有至少四千年的历史，在明代小麦的种植已遍布全中国，在粮食生产中占有重要地位，它更是中国北方地区最重要的口粮作物。20 世纪初，小麦成为仅次于水稻的第二大作物。近 20 年，由于玉米产量高，有利于畜牧业发展，更多政策倾向玉米种植与收购，小麦逐步变为全国第三大粮食作物。

小麦营养价值较高，具备独特的面筋特性，可制作多种食品，不但是全球 35% ～ 40% 人口的主食，而且是最重要的贸易粮食和国际援助粮食。大力促进优质小麦生产对确保我国粮食安全、满足市场需求具有重要作用。小麦生产的持续发展不仅对保障国内粮食安全具有重要意义，而且还在一定程度上影响国际粮价，高产、优质小麦品种的选育还将对提升中国在国际农业市场上的竞争力起到促进作用，成为中国在国际贸易中博弈的利器，为保障国内粮食安全做出重要贡献。小麦新品种的选育与推广、栽培技术持续改进等将成为推动小麦产业发展的重要基石[2]。

1.1.1 小麦在我国经济发展中的重要地位

小麦是中国重要的粮食作物，国内小麦种植的独特性表现在三个方面：一是小麦生产主体为一年两熟制，即小麦/玉米或小麦/水稻轮作，对早熟性要求高；二是农户种植规模小，但机械化程度较高；三是食品种类独特，面条和馒头等传统食品占主导地位。中国小麦生产在过去的30年间取得了巨大的成绩，保证了国家口粮安全。其中，推广新品种、改进栽培技术、改善水利设施、增施化肥、普及机械化、加强病虫害防治、实施联产承包责任制和有利的粮食生产政策等措施发挥了重要作用。随着人民生活水平的提高、劳动力和生产资料成本的不断增加，生产优质、营养、健康的小麦产品尤为关键。因此，新时期小麦产业发展应朝着培育多样化优质专用小麦品种、保证小麦高产增收、提升小麦产品的营养成分和风味品质的方向发展。

1.1.1.1 我国小麦生产现状

国内种植的小麦品种基本为普通小麦，硬粒小麦等其他品种仅有零星种植。秋播小麦俗称冬麦，占种植面积的93.7%，春麦仅占6.3%。河南、山东、河北、安徽和江苏为小麦主产区，其产量占全国总产量的76%。中华人民共和国成立后，小麦生产可大致分为以下四个阶段[2]：① 1949—1957年恢复性增长阶段。单位面积产量和种植面积同步提高，为增加总产量做出贡献，大面积推广优良地方品种和一些新育成的抗锈品种则在提高单产方面发挥了重要作用。② 1958—1978 年稳定增长阶段。由于高产早熟抗条锈新品种的大面积推广、栽培水平的显著提高，种植面积和单位面积产量同步提高，实现了小麦生产的第一次跨越。③ 1979—1999 年单产快速增长阶段。普及半矮秆高产早熟品种、推行农村承包责任制，实现了小麦生产的第二次跨越。④ 2000—2019 年产量、质量同步提升阶段。高产矮秆抗逆优质品种大面积普及，优质麦得到较快发展，产量得到进一步提高。

图 1.1 为 2000—2019 年中国小麦总产量、单位面积产量和种植面积。国家统计局数据显示，2019 年全国小麦种植面积 2373 万公顷，单位面积产量 5629 千克 / 公顷，总产量 13359 万吨。进入 21 世纪后，中国小麦产量、质量稳步提升，种植面积由 2000 年的 2665 万公顷减少到 2373 万公顷，单位面积产量由 3738 千克 / 公顷增加到

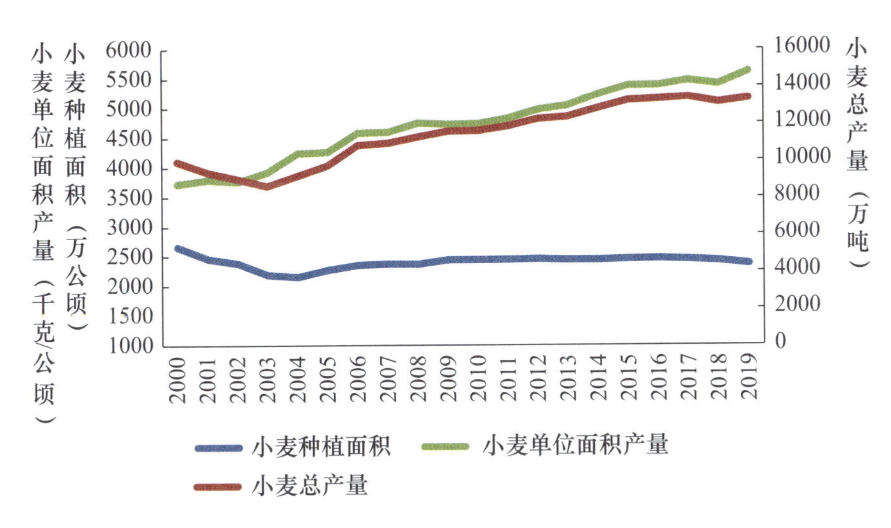

图 1.1　2000—2019 年中国小麦总产量、单位面积产量和种植面积

资料来源：国家统计局。

5630 千克 / 公顷，总产量则由 9964 万吨增加到 13359 万吨。但与此同时，小麦产业仍然面临着生产成本偏高和优质品种不足的问题。降低成本以促进麦农增收、培育健康营养绿色品种成为目前供给侧改革的重点和今后的发展方向。

1.1.1.2　中国小麦贸易现状

中国是传统小麦进口大国，中华人民共和国成立前就有进出口贸易。为了满足国内日益增长的消费需求，中华人民共和国成立后尤其是 1967—1995 年小麦进口量较大，1983—1995 年平均每年进口小麦 1046 万吨。加入国际贸易组织后，中国农产品市场高度开放，配额内的 964 万吨小麦关税为 1%，配额外关税为 65%。由于国内生产能力的快速提升，2000 年以后小麦进口量相对减少，2014—2018 年平均每年进口 338 万吨，占全国总产量的 2.6%。品质优、价格低及外贸平衡可能是中国继续适度进口小麦的主要原因。2000—2018 年中国小麦进口需求如图 1.2 所示。

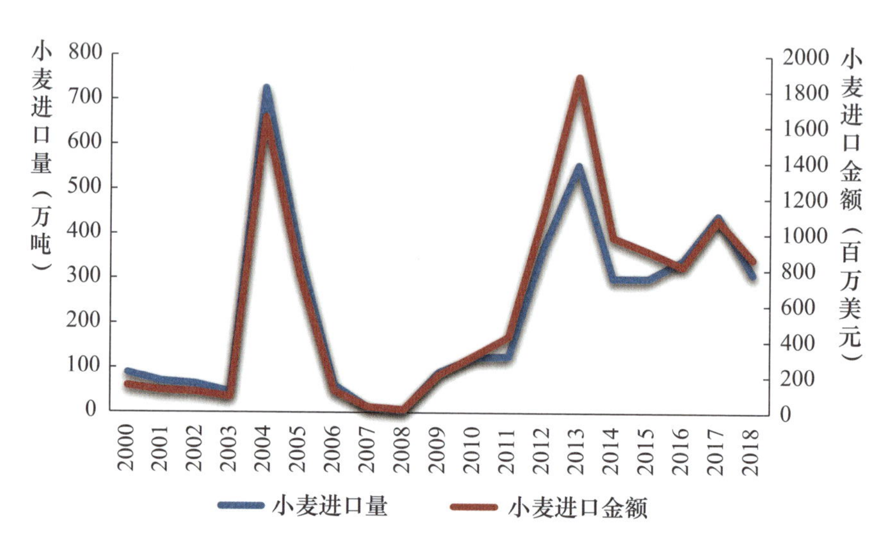

图 1.2　2000—2018 年中国小麦进口需求

资料来源：国家统计局。

1.1.1.3　我国小麦产业化现状

据统计，2006—2015 年的十年间，国内小麦加工面粉能力从 9600 多万吨发展至 2.2 亿吨，足足翻了一倍多，2017 年国内小麦加工面粉能力同样超过 2 亿吨。目前，小麦面粉加工企业已出现生产能力过盛的情况，导致国内面粉市场竞争状况较为混乱和激烈。国家统计局数据显示，全国规模以上小麦面粉加工企业有 3000 多家，日处理能力 200 吨及以下的中小企业占小麦面粉加工企业总数的一半以上，产业整合已是大势所趋。随着市场竞争的加剧，绝大多数不成规模、技术水平低、成本较高的企业将被逐步淘汰。后期发展过程中绝不是仅以数量为重，小麦面粉加工企业因其面粉的特色、优质、专项性的特点而取胜，所以后期专用面粉市场潜力不小。

1.1.2　中国小麦产业存在的问题

随着人民生活水平的提高、劳动力和生产资料成本的不断增加，小麦生产面临提升质量、降低成本和保护环境的挑战。广大消费者在目前吃饱吃好的基础上对市场上优质、营养、健康的小麦产品有越来越高的要求，优质专用小麦尚不能完全满足市场需求。考虑到我国人民大众饮食生活习惯和不断提高的生活水平，应培育适合加工馒头、面条、面包、糕点等多样化食品类型的优质专用小麦品种，在保证产量的基础上，不断提升小麦产品的营养成分和风味品质。

1.1.2.1　气候影响力加剧

气候变化的影响日益明显，主要表现为极端高温或低温、干旱或涝害等发生频率显著增加。例如，2013 年安徽北部和河南南部在 4 月中旬出现极端低温天气，导致至少 200 万公顷小麦严重减产；

2014 年 5 月底—6 月初，黄淮麦区连续出现 35 ～ 38℃高温，导致河北、山东及北京周边地区严重减产。为适应这一变化，要求新品种在抽穗前发育略慢一些，而在后期具备更快的灌浆速度，同时具备更全面和更好的抗逆性。

1.1.2.2 病害问题频发

小麦病害问题日益严重，集中表现为病害种类、发生频率、危害程度显著增加。近 10 年赤霉病明显北移，已成为黄淮麦区的常发性病害，如 2012 年赤霉病的发病面积约 1000 万公顷；近 20 年纹枯病已成为黄淮地区的重要病害，但育种进展并不大；禾谷类胞囊线虫和茎基腐病的危害越来越大；出现了致病性强、发展速度很快的条锈病新小种 V26，使主产麦区广泛应用的抗条锈病基因 *Yr26* 和被寄予厚望的 *Yr10* 普遍丧失抗性，人工合成小麦、簇毛麦易位系和贵农号品系已丧失对条锈病等的抗性；叶锈病危害显著加重，已成为主要麦区的重要病害；白粉病的发生面积在进一步扩大。这就要求新品种兼抗多种病害，且黄淮麦区迫切需要抗赤霉病的新品种。

1.1.2.3 优质品种短缺

中国小麦生产虽已实现了历史性跨越，但在近 20 年的产业发展中也出现了一些突出问题，面临提升质量、降低成本等挑战。由于 2005 年后国家政策重视小麦产量的提升，小麦品质改良、优质育种的发展速度放缓，导致优质麦种植面积减少。随着消费者对优质、营养、健康生活品质的要求越来越高，迫切需要优质、高效、抗病、广适性的小麦新品种和高效栽培技术。而且目前小麦生产对水、肥料和农药的依赖性仍较强，现有品种和技术不能满足生态环保绿色的新要求。

1.1.3　中国小麦产业发展措施

在经济社会快速发展、人们生活水平不断提高、国际贸易局势日趋复杂的新形势下，小麦的市场供应和生产之间也出现了较大的矛盾，特别是优质麦的供应不足导致我国每年从国外进口的小麦数量有增长的趋势。因此，应重新寻找小麦产业发展的着力点，站在全球视角综合考虑国内和国际两个市场资源，从经济、市场、技术、生态多个维度全面分析产业问题，并制定持续稳定的发展策略，同时满足口粮安全、营养健康、生态绿色等多个现代化发展目标。张勇等[3]认为，我国除部分小麦产区继续加强高产小麦品种培育外，大部分地区应把育种工作的重点放在培育高产稳产、水肥高效、抗病、抗逆、广适性品种上，系统开展优质小麦营养健康相关性状研究。就育种技术而言，高产、高效、广适性品种的培育在一定时期内仍需主要依靠常规育种技术，在推广普及分子标记选择技术的同时，还应研发全基因组选择、基因编辑等新技术，为未来小麦优质种的选育打好基础。

何中虎[2]等我国小麦产业专家认为，我国小麦在目前及未来生产中应该着重做好以下 3 个方面的工作：①加强抗病品种的选育。将基因特异性标记和常规育种相结合，将已知的抗病基因快速转育到现有主栽品种和品系中，广泛提高黄淮小麦产区品种对赤霉病的抗性水平，同时该区域应适当扩大小麦－豆类的轮作面积，且将品种抗性与耕作制度进行改良，以此有效减轻赤霉病的危害；培育兼抗条锈病、叶锈病和白粉病的抗性新品种，为防止锈病的扩展和抗性频繁丧失提供技术支撑。②加强优质节水节肥品种的选育，亲本和育成品系、品种的系统鉴定至关重要，还应及时、大胆地采用一些可用的分子标记方法，为表型鉴定补充有益信息。③栽培研究与植保、土肥、农机等领域的研究紧密结合，支持小麦产业朝着优质、高效、绿色的生产模式推进。

1.1.4 小麦育种在小麦产业中的基础性作用

未来全球对小麦的需求仍将大幅增长，如何提高单位面积产量以满足不断增长的需求则是多数国家的研发重点，如何提高小麦单位面积产量也是中国小麦产区最重要的育种目标[4]。近几年，国内粮价明显上涨，排除受国际粮价联动效应的影响，这也更清楚地表明，尽管小麦连年丰收，但现实的粮食安全问题现状仍比较严峻，国家近几年连续提高粮食最低收购价和出台各种惠粮政策就是佐证。

1.1.4.1 提高小麦产量

据预测，从当下至2030年，全球小麦需求量每年将增长1.6%，至2050年，发展中国家对小麦的需求量将比现在增长60%，而气候变化将使发展中国家小麦减产将近30%[6]。未来研究的热点将聚焦于将传统育种方法与新技术、新手段融合共同改良小麦性状，从根本上提高小麦产量，同时缩小实际产量与产量潜力的差距，而改良各种抗性、提高品种的适应性及改进栽培技术都是缩小这种差距的重点措施[7,8]。中国有关小麦生产潜力的相关生理研究和分子遗传机制研究仍较欠缺，尚无可以大幅提高小麦产量和品质的方法。据此，中国研究人员可考虑与国际小麦研究的强势机构建立协作网，加强彼此之间的合作与交流，并在国内挑选有代表性的小麦种植区域成立试点网络，开展协作研究[4]。

1.1.4.2 提升持久抗性

病虫害能够给全球小麦生产带来毁灭性影响，特别是锈病和赤霉病一直是多数国家小麦的重点病害，小麦主产国纷纷投入大量资金对抗锈育种开展持续的研究工作。中国近几年出现了条锈病和白粉病的新变异种，不少品种可能开始丧失抗性，面临再次暴发大规模病害的威胁，因此培育抗性持久的品种是小麦育种工作中的重要目标之一。小麦持久抗性的培育可通过主效抗性基因的累加或慢病性基因的利用来实现。近几年，国内外针对条锈病和白粉病慢病品种的数量性状基因座（QTL）定位和育种研究表明，3 ～ 5 个 QTL 有效结合即可育成慢病性品种，同时可在国内外的小麦品种中继续发掘新的慢病性基因，用已有标记聚合现有慢病性基因，培育多抗品种 [4]。

1.1.4.3　应对气候变化

对小麦生产影响较大的气候变化包括高温、大气中 CO_2 浓度增加及降雨量变化。由于越来越多的人为干扰及自然界的内部进程，气候变化幅度逐渐增大，气候处于不稳定状态，这对小麦品种的适应性和抗性提出了更高的要求，因此培育耐高温、抗旱、抗病虫害、耐涝的高效品种至关重要，利用现代育种手段培育的小麦品种对提高产量和改善抗逆性能具有重要作用 [9,10]。为了减小气候变化对小麦生产的影响，美国等发达国家在 20 世纪末就开展了抗性相关研究，国内部分高校和科研机构在小麦抗性的基础研究方面取得一定进展，但尚不能大量投入到育种实践工作中 [4]。

1.1.4.4　种业商业化

国际上小麦生产多应用常规种子，除欧洲外，其他国家 / 地区长期以来均是以国家机构进行育种为主。近年来，受各种因素影响，小麦种业私有化步伐显著加快，澳大利亚、美国及印度等国的小麦育种开始商业化，私人企业育种规模和地位正在迅速扩大 [4]。育种技术的发展除了能使技术本身得到更新换代，对其大规模投资带来的各类效应迅速促进该产业的发展。因此，国际上支持私人企业加大对小麦研发的投入力度，其切入点是发展转基因小麦和杂交小麦。我国在抗旱、抗病和抗穗发芽转基因小麦研究方面已取得较好进展，近 10 年来，国内小麦种业发展迅速，企业逐渐成为小麦新品种推广的主力军，私人企业投资小麦育种和种子经营的力度正在加大。预计今后企业在小麦育种领域的作用会进一步加强，科研机构与企业的合作将进一步展开，国内企业与大型跨国企业的联系也将更加紧密。

1.1.5 全球小麦育种研究进展

生物技术的发展极大地提升了小麦育种技术水平。今后我国小麦育种面临更严峻的挑战，既要继续提高单位面积产量，又要改善品质，还要提高水肥利用率。建议进一步加强品种高产潜力研究；日益明显的气候变化对小麦适应性提出新的要求，应重视抗旱、抗热等性状和冬麦北移的研究；进一步推动分子标记辅助选择、转基因、双单倍体和远源杂交等技术的实用化研究，实现育种技术革新。国际小麦研究呈现四大特点：一是进一步提高小麦产量、通过保护性耕作降低生产成本；二是分子标记辅助选择已成为常规育种的重要组成部分；三是慢病性利用是抗病研究的主流方向；四是品质研究更注重营养特性。

1.1.5.1 产量潜力与保护性耕作技术研究

伴随着城镇化的步伐加快、食品类型的逐渐转变、加工食品比重增加，更高、更严格的品质要求及能源与水肥资源紧缺、粮食价格波动等因素都对小麦生产技术提出了新要求。与此同时，提高小麦产量潜力的难度越来越大，目前研究的重点是品种的光周期反应与拔节期长短的关系及其对穗粒数的影响。籽粒败育是限制现有高产小麦品种籽粒产量和生物学产量的主要因素，育性的生理和遗传机制尚不清楚，但开花期的生物学产量与穗重及穗的育性有关。保护性耕作已成为全球农业持续发展的重要模式，全世界约 9500 万公顷的耕地采用了此技术。保护性耕作的主要优点是提高旱地的水分利用率，这也有利于保护环境、降低成本。R.Tretowan 研究了旱地育种及与保护性耕作相关的品种选育技术；K.Freeman 和 T.Roberts 详细报道了国际上在提高氮、磷、硫元素利用效率方面的研究和应用进展[11]。

1.1.5.2　分子标记发掘与应用

分子标记辅助选择已成功用于作物育种中，虽已发挥了较重要的作用，但总体来说与育种研究的期望值尚有较大差距[4]，不少科学家[12]针对其原因做了深入分析并提出相应对策。分子标记的成功应用与标记的种类和质量、使用成本、相关信息的处理和分析、标记与双单倍体等技术的结合、育种目标的复杂性等息息相关，也和科学家对标记的认识程度有关。近几年国外有关小麦分子育种的综述也较多[13, 14]，Gupta 等[15]对小麦分子标记的应用现状和前景做了较详细的评述。

小麦育种中常用的分子标记包括连锁标记和依据基因序列开发的功能标记两大类，单核苷酸多态性和多态性芯片技术多数仅限于相关研究，全基因组选择也处在研究阶段，分子设计育种则是未来作物育种发展的大趋势，各类作物数据库的建立与整合、理论的建模与软件开发都在为分子设计育种的发展进行基础性的探究。数量性状基因座（QTL）定位可提供位点数目、在染色体上的位置及效应大小等重要信息，是基因克隆的前提，因此重要性状的定位仍是各国的研究重点。近几年，国内研究定位的重要性状基因 /QTL 包括抗赤霉病[16]、抗或慢白粉病[17]、抗或慢条锈病[18]，还有品质性状[19]和农艺性状[20,21]等相关基因，其中多酚氧化酶活性和黄色素含量的定位为后续的基因克隆和功能标记发掘奠定了基础。

功能标记也称基因标记，是育种应用的理想标记，也是目前及未来的研究重点 [14]。国际国立农业研究机构成功应用于小麦育种的分子标记约有 60 个，多数为功能标记，少数为紧密连锁标记，所涉及的性状多为简单遗传的性状，如抗锈病、抗线虫、抗吸浆虫及加工品质等，已先后育成 20 个品种 [15]。中国多家育种单位合作已将这些标记广泛用于亲本鉴定和高世代材料的基因确认，以及分离世代抗病性和品质性状的选择，明确了主要品质性状、矮秆、春化和光周期等 40 多个基因在中国小麦中的分布规律。

1.1.5.3 慢病性利用与抗病性育种

多数国家特别是美国等发达国家已把抗病性育种的重点转向慢病性利用。国际玉米小麦改良中心（CIMMYT）在 3 种锈病的慢病性研究与品种选育方面一直居世界领先地位，已建立了一套行之有效的育种方法，通过 3 ～ 4 个较大效应的微效基因聚合即可获得接近免疫的持久抗性。CIMMYT 和澳大利亚等的研究表明，不同病害的慢病性基因常常紧密连锁或位于一个染色体的相同位点，如慢叶锈的 *Lr34* 与慢条锈的 *Yr18*、抗黄矮病毒及慢白粉，*Lr46* 与 *Yr29* 及慢白粉紧密连锁，*Sr2* 与 *Yr30* 及抗赤霉病基因紧密连锁，尽管对其机理研究很少，但对培育兼抗品种无疑是十分有利的。欧美国家对赤霉病研究都十分重视，英国的 P. Nicholson 介绍了赤霉病的国际研究现状与趋势，目前已发现了 6 种不同抗性类型，国外对赤霉病毒素的抗性研究相当深入，已发现赤霉病毒素的主效 QTL，抗赤霉病的分子标记在国际上已广泛用于育种 [11]。

1.1.5.4 品质育种研究进展

中国科学家采用表型分析、分子标记鉴定相结合的方法，建立了中国小麦品种品质评价体系，在基因层面阐释小麦品质育种的相关规律[4]。例如，面筋强度参数沉降值、稳定时间、蛋白质数量和籽粒硬度是影响面包品质的重要因素[24]；筛选优良的高低分子量麦谷蛋白亚基、选择硬度基因和非易位类型是提高面筋强度和面包品质、培育优质面包小麦品种的重要前提[25]；而吹泡仪弹性和水溶剂保持力是与饼干品质密切相关的筛选指标[26]，因此在饼干小麦品种改良中，应首先考虑籽粒硬度、蛋白质含量和吸水率等因素。

低分子量麦谷蛋白亚基的快速准确鉴定一直是小麦品质改良的难点，针对该问题，Liu L 等建立了可同时鉴定高、低分子量麦谷蛋白亚基的 SDS-PAGE 改良方法[27]；Liu L 等创立了高、低分子量谷蛋白亚基生物质谱快速鉴定技术，可在 5 分钟内精确确定其分子量大小[28]；Wang L H 等通过明确低分子量谷蛋白亚基与基因的对应关系，发掘并验证了 Glu-A3 和 Glu-B3 的功能标记[29,30]。在前期研究工作的基础上，Liu L 团队与其他国家团队合作建立了低分子量麦谷蛋白亚基的国际命名标准品种和分子标记鉴定技术[31]，并利用电子克隆技术克隆了高低分子量麦谷蛋白亚基、多酚氧化酶活性和抗穗发芽有关的基因，为实现品质性状的分子辅助选择育种提供了借鉴。

1.1.6　中国小麦育种研究进展

中华人民共和国成立以后，杂交育种很快得到普及。20 世纪五六十年代用系统育种法和引进品种育成了不少品种，但 20 世纪 70 年代以后的主要品种则基本上是通过杂交育种育成的，杂交方式以单交和三交为主。尽管后代处理技术逐步多样，但仍以系谱法选择为主。1990 年前的育种方法研究相对较少，近 10 年来，以基因组学为代表的新技术研究取得较大进展。下面从 6 个方面对相关进展进行总结[2]。

1.1.6.1 种质资源

1986 年，中国国家作物种质资源库在中国农业科学院落成，这是全国作物种质资源长期保存中心，也是从资源收集、保存到研究利用的技术体系，每年为全国数以万计的科研人员提供种质资源与信息服务。2002 年，国家农作物种质保存中心在种质资源库原址上重新建设并落成，长期担负种质保藏、科研、教学及国际交换等重要任务，截至 2020 年，国家作物种质资源库收集保存小麦种质资源 5 万余份。新的国家作物种质资源库正在强力推进中，建成后我国种质保存能力将位居世界第一。种质资源是作物遗传信息的载体，更是育种的基础材料，国家作物种质资源库在核心种质和基于基因组学的种质资源研究等领域取得重要进展，对小麦生物学特性也进行了系统研究[32]。高抗赤霉病的苏麦 3 号、小麦遗传研究模式品种中国春、带独特糯基因的白火麦等为中国特有，并已在国际上产生广泛影响。另外，经过多年的田间试验和人工模拟环境试验，我国还从 5 万多份小麦种质资源中筛选出了 110 多份抗旱耐热的小麦品种，有效提高了小麦的生产水平。

1.1.6.2 染色体工程与远缘杂交

20 世纪 70 年代，体细胞遗传学的发展进一步扩大了育种方式，对推动中国小麦细胞遗传学和染色体工程育种的发展起到了关键作用。用长穗偃麦草后代育成了高产多抗优质广适性小麦品种小偃 6 号，20 多年以来大面积推广种植成为中国优质小麦的代表性亲本。此外，研究人员还用簇毛麦与普通小麦育成抗病品种 6VS/6AL 易位系，应用生物技术和染色体工程把中间偃麦草的抗黄矮病等有益基因导入普通小麦育成抗病品种，把冰草的多花多实基因导入普通小麦并成功用于新品种选育[2]。

1.1.6.3　太谷核不育与矮败小麦

1972 年，中国研究人员在山西省太谷区首次发现显性核不育小麦材料，发现其具有雄性败育稳定彻底、抗环境胁迫和异交结实率高的特点，并在之后小麦轮回选择的研究中硕果频出：2017 年，中国农业科学院作物科学研究所的科学家克服重重困难，在克隆与解析小麦太谷核不育基因 *Ms2* 方面取得重要突破并在当年首次公开报道了该基因。太谷核不育基因育成的代表性品种有鲁麦 15 和石 4185 等。在太谷核不育小麦研究的基础上，将不育和矮秆 2 个基因紧密连锁在一起育成的“矮败小麦”，是中国具有自主知识产权的重要遗传资源，育成的轮选 987 不仅在北部冬麦区大面积推广，还成为该麦区产量育种的骨干亲本。

1.1.6.4　品种品质评价体系

自 2000 年以来，中国小麦品质改良方法研究取得重要突破：采用表型分析和基因标记鉴定相结合的方法，建立了既符合中国国情又与国际接轨的小麦品种品质评价体系，包括磨粉品质评价、加工品质间接评价和 4 种主要食品（面条、馒头、面包和饼干）实验室评价与选择指标 3 个部分[33, 34]。例如，对中国面条的标准化实验室制作与评价方法进行了明确，规定了主要选种指标与分子育种可用的基因标记，在基因层次阐释了面条品质的内涵，使传统食品的品质育种有规可循；确定了中国馒头、面包与饼干品质育种的选择指标，创立的品质评价体系已在全国主要育种单位广泛应用。2001 年，农业部发布《中国小麦品质区划方案》，将中国小麦产区初步划分为 3 个品质区域，即北方强筋与中筋冬麦区、南方弱筋与中筋冬麦区和中筋强筋春麦区。

1.1.6.5 兼抗型持久抗性育种

小麦条锈病、叶锈病和白粉病是危害中国小麦健康的主要真菌病害，因此培育兼抗型成株抗性品种是控制病害最为持久且经济的途径。成株抗性受微效多基因控制，遗传机理复杂，在育种实践中应用很少。受国际玉米小麦改良中心启发，在基因定位的基础上，我国建立了基于微效基因一因多效的兼抗条锈病、叶锈病和白粉病的成株抗性育种新方法，包括种质资源成株抗性鉴定、亲本选配、分离世代群体大小、田间选择标准、高代材料多点鉴定与分子确认等技术。研究人员在平原 50 等品种中发现了 5 个兼抗上述 3 种病害的优异基因，它们控制的抗性已保持 60 年以上。研究人员将其成功用于育种实践，育成了 100 余份兼抗条锈病、叶锈病和白粉病的成株抗性新品系[35]。2021 年，山东农业大学科研团队发表了“小麦抗赤霉基因 *Fhb7* 的克隆、机理解析及育种利用”的研究成果，找到了攻克小麦赤霉病这一世界性难题的方法。科学家从长穗偃麦草中首次克隆出抗赤霉病的主效基因——*Fhb7*，并成功将其转移至小麦品种中，证实了该基因在小麦抗病育种中具有稳定的赤霉病抗性，目前该小麦种植材料已发放至全国多家单位进行育种和种植，将为中国小麦产业高质量发展和国家粮食安全提供核心技术支撑。

1.1.6.6 基因组学技术应用

随着新一代测序技术的发展，小麦基因组学发展迅速，2013 年 3 月，中国科研机构与企业联合研究完成了小麦 A 基因组和 D 基因组供体种草图的绘制，开启了全面破译小麦基因组的序幕，实现了小麦基因组学的信息与技术成功用于小麦品质等新基因发掘、标记开发与应用，发展了育种实用的基因标记技术。2018 年，由 20 多个国家的研究人员组成的国际小麦基因组测序联盟（IWGSC）在

Science 杂志上公布了小麦复杂基因组数据的研究成果，在用于制作面包的小麦的 21 条染色体上确定了 10.7 万个基因，中国华大基因作为合作机构之一，参与完成了染色体 7B 的 BAC 测序与组装工作。此次小麦基因组的发布将对小麦分子育种等研究工作起到重要的推动作用。

为了进一步深化我国小麦品质改良工作，建议从以下 5 个方面着手推进[36]。第一，拓宽研究领域，在继续加强蛋白质、淀粉、硬度、颜色等加工品质性状研究的同时，重视铁、锌等微量元素及维生素、膳食纤维、抗性淀粉研究，改善营养品质和保健功能，加强抗穗发芽和降低黑胚率的研究，提高商品粮的竞争力。第二，进一步加强传统食品（如馒头、饺子等）的评价方法和选种指标研究。第三，重视新技术的应用，进一步深化近红外光谱和近红外传感器等快速检测技术的研究；应用蛋白质组学方法如毛细管电泳、双向电泳、高效液相色谱及质谱等技术鉴定和分离新的谷蛋白基因；应用基因组学技术研究储藏蛋白、淀粉、硬度等基因的表达及其对面包、馒头和面条的影响与遗传效应；应用转基因技术改良抗穗发芽能力及加工和营养品质；通过分子标记技术及转基因与常规育种密切结合，推动生物技术育种实用化，提高品质遗传改良效率。第四，加强品质亲本创新，聚合不同优质源，改良各类主要品质性状的水平及其在不同环境条件下的稳定性，同时结合改良其综合农艺性状，在短期内尽快提高优质品种的产量潜力，增强在国内外市场中的竞争力。第五，建立国内小麦品质研究协作网，通过主要育种单位与谷物质量检测机构、质量标准部门及大型面粉企业的密切合作，推广普及现有成熟实用技术，研究新型品质快速检测技术，提高制定部门或国家标准的科学性[4]。

1.2 研究的目的与意义

1.2.1 专利在农业领域的作用

专利是世界上最大的技术信息源，包含了世界上 90% ～ 95% 的科技信息。知识产权保护自 19 世纪 80 年代以来受到了国际社会的广泛关注。欧美国家为了保证其在世界经济竞争中的地位，不断加大对科技成果的知识产权保护，并将其上升到了维护公共利益和社会安全的战略高度。就农业领域而言，加强对农业专利的保护，不仅可以加强各国之间的科技竞争和人才竞争，促进农业科技发展，还可以对农业科技成果进行保护，将科技竞争转换为经济竞争，加快农业的成果转化。杜邦公司、拜耳作物科学、孟山都公司（2019 年被拜耳作物科学收购）、先正达公司（2015 年被中国化工集团收购）等知名的农业巨头每年的专利申请数量都十分庞大，这也迫使其他企业不断创新进步，最终推动整个行业向前发展。

《中国农业知识产权创造指数报告（2020 年）》显示，截至 2019 年年底，中国在授权的 63 万余件涉农专利（该报告所指涉农专利是指种植业、畜牧业、食品业、渔业、农化和农业生物技术总计 6 个行业的专利，其中农业生物技术的专利中包含微生物和酶在前面 5 个行业中应用的专利）中，有效涉农专利为 34 万余件，其中有效发明专利 14 万余件（占比为 40.96%）。国内、国外有效发明专利维持年限分别集中在 3 ～ 5 年、6 ～ 9 年，可见我国农业专利发明寿命与其他国家相比还有一定差距，说明我国农业知识产权的长期保护意识还需要增强；国内授权的农业发明专利平均预期寿命为 17.6 年，与国外平均预期寿命 17.7 年基本一致，超过欧洲（17.4 年）、美国（16.2 年）等主要发达国家和地区，但与日本（19.3 年）还存在一定差距。从农业领域申请发明专利的行业分布来看，当前国外专利主要集中在生物技术领域，而国内专利主要分布在食品业，可见调整农业创新结构迫在眉睫。另外，国内授权的农业发明专利中，科研单位占比较高（48.27%），企业占比仅为37.17%，且在国内各行业中，科研单位的专利授权率均高于企业；国外授权的农业发明专利中，企业占比则遥遥领先（84.26%），且在国外各行业中，企业的专利授权率高于科研单位。中国社会创新资金的投入不足导致农业领域创新动力源单一，企业创新能力和创新积极性较低，成果转化率较低[37]。

“十三五”时期，我国农业现代化水平大幅提升，农业科技进步贡献率超过 60%，农作物良种覆盖率超过 96%，农业综合生产能力进一步增强，粮食产量连续多年保持在 1.3 万亿斤以上，但也要看到农业的短板：科技对农业的支撑能力不强、农业结构性矛盾日益凸显、发展质量效益和竞争力不高。2021 年，中央一号文件明确提出要加快推进农业现代化建设，打好种业翻身仗，加强农业种质资源保护开发利用，开展种源“卡脖子”技术攻关[38]。因此，树立产权意识、提升农业创新工作的管理水平、推动科研资源向科研企业倾斜是加快建设我国现代化创新型农业的重要保障。

1.2.2　我国小麦产业发展存在的专利问题

1.2.2.1　小麦专利技术滞后、保护体系不全

分子生物技术的发展和应用为我国的小麦产业发展、稳产增收和提质增效提供了有力的技术支撑，这一时期，与小麦农艺性状相关的基因、分子标记不断被发掘，小麦分子育种领域的专利申请数量、质量不断提升，小麦产业技术发展正处于成长阶段，但关键技术的原创性水平较低，高质量专利较少，专利保护体系不健全，在国际小麦产业中竞争力不强。从主要产业主体排名及产业主体地域分布来看，国际种业巨头在小麦分子育种领域仍处于优势地位，国

内不同地区在这一领域的发展水平存在较大差距，尤其是经济欠发达地区的专利申请量较少[39]。

1.2.2.2 小麦专利申请主体单一

我国小麦分子育种专利的产业主体与国外研发主体差异较大。在全球范围内，小麦分子育种领域的相关专利主要来源于中美两国，但产业主体的性质呈现巨大的差异，美国的产业主体主要为杜邦公司、孟山都公司等企业，中国的主要研发单位是中国农业科学院、中国科学院、南京农业大学等科研院校。相较于国内，国外的产业主体主要集中于跨国的大公司或企业，其技术研发的目的性和针对性很强[40]，如杜邦公司、孟山都公司等跨国企业往往会对某项技术实行壁垒式的保护方式，将其外围相关技术全部纳入保护范围，一旦政策允许商业化时往往能很快抢占市场、占据优势[41]。

1.2.2.3 小麦专利质量较低

从2011年开始，我国成为全世界专利申请第一大国，但专利质量普遍不高。我国小麦产业专利数量增长迅速，但质量有待提高。相较于国外产业主体，我国在小麦分子育种领域的专利保护多为单点式保护，欠缺相关技术的深度挖掘，且技术外围布局不够广泛、严密，没有形成良好的同族专利布局；很多研究机构存在着专利数量虽多，但专利文件撰写水平、专利他引次数、转化许可等产业应用质量不高的情况；专利技术的联合研发还很不足，尤其是面向企业需求的科研院所与企业间的联合攻关亟待加强；科研成果的市场转化率低，难以发挥助推经济创新发展和转型升级的作用。

1.2.3 本研究的意义

现代生物技术被誉为20世纪人类最杰出的科技进步之一，分子育种技术是现代生物技术的核心，运用分子育种技术培育高产、优质、多抗、营养、高效的小麦新品种，对保障粮食安全和饲料安全、缓解能源危机、改善生态环境、提升产品品质、拓展农业功能等具有重要作用。目前，世界许多国家都把分子育种技术作为支撑发展、引领未来的战略选择，分子育种技术已成为各国抢占科技制高点和增强农业国际竞争力的战略重点。

我国小麦分子育种的相关技术专利虽然取得了一定的进步和发展，但是与发达国家相比还有一定差距，主要表现为技术创新水平和国际竞争力相对较低。

专利分析，也就是利用文献计量、统计学等方法对专利说明书、专利公报中的相关信息进行分析加工，从而为未来决策提供参考依据的过程。因此，通过对小麦产业相关专利数量年度趋势、地区分布、技术重点分布、产业主体情况和主要竞争者技术差异等方面的数据进行挖掘，不仅可以明确业内竞争对手的技术性竞争优势，找到技术空白点，还可以揭示世界小麦产业的发展规律，了解世界小麦产业发展动态，为规避侵权风险、把握我国小麦相关技术的研发方向提供量化支撑。一直以来，科技进步都是推动我国小麦产业发展的重要手段，中央政府和地方政府一再加大对小麦科研经费和人力资源的投入，为解决关键技术难题、加强自主知识产权的创新和保护提供了有力保障，有效提高了我国小麦产业相关技术的世界影响力。可以说，技术进步是促进产业发展的基础，而专利分析则是基础中的基础。

本书针对小麦分子育种的全球专利进行分析，并结合统计数据、论文数据对小麦分子育种领域的热点主题进行剖析，将技术发展、市场竞争、研究现状有机结合，从多维度进行有深度、有广度的分析，为相关课题研究者和决策者提供重要的信息支撑，为我国发展小麦分子育种面临的知识产权问题和产业化需要解决的配套措施提供参考。

1.3 技术分解

本书以小麦分子育种的重点技术为专利与论文数据的检索、分析的主线，以转基因技术、载体构建、分子标记辅助选择、诱变育种等技术分类，以及优质高产、抗非生物逆境、抗病等具体应用领域作为辅助，完成全部小麦分子育种专利的检索。构建的小麦分子育种重点技术分解表如表 1.1 所示。本书小麦分子育种相关专利的技术分类标引应用分类包括 6 个领域，技术方法包括 9 项技术，每个分类的专利数量也在表中列出，在本书后续的技术分析 / 应用分析部分，均采用此分类进行分析。

表 1.1 小麦分子育种重点技术分解表

一级技术分类	二级技术分支	专利数量（项）	论文数量（篇）	三级技术分支
技术分类	转基因技术	4926	5257	RNAi、农杆菌介导法、基因枪法、花粉管通道法、PEG 转化法、电极法
	载体构建	1451	1713	组成型表达、诱导表达、组织器官特异表达、种子特异表达
	分子标记辅助选择	997	8207	限制性片段长度多态性（RFLP）、随机扩增多态性 DNA（RAPD）、随机扩增片段长度多态性 DNA（AFLP）、简单重复序列（SSR）、竞争性等位基因特异性 PCR（KASP）、酶切扩增多态性序列（CAPS）、单核苷酸多态性标记（SNP）、功能型分子标记、单倍型、SNP 基因型鉴定芯片、基因芯片、InDel 标记
	诱变育种	465	1460	辐射、EMS 诱变剂、自然变异
	单倍体育种	410	1678	诱导系、加倍、花药培养、加倍单倍体

（续表）

一级技术分类	二级技术分支	专利数量（项）	论文数量（篇）	三级技术分支
技术分类	基因编辑	338	557	CRISPR、TALEN、ZFN、单碱基修饰
	细胞工程育种	178	1408	小麦近缘种、染色体原位杂交、原生质体再生
	基因挖掘技术	147	4274	QTL 定位、GWAS 全基因组关联分析、混合群体分离技术（BSA/BSR）、第二代测序技术、第三代测序技术
	分子设计育种	86	431	基因组选择、育种软件、育种芯片
应用领域	优质高产	2502	11802	高产、营养品质、蛋白质含量、稳定时间、湿面筋含量、角质率、容重、加工品质、细胞质雄性不育、细胞核育性不育、高光效、耐倒伏、株高、花期、籽粒大小、穗粒数、亩穗数
	抗非生物逆境	1791	8093	抗旱、耐盐碱、干热风、耐低温、抗穗发芽
	抗病	1627	6467	赤霉病、纹枯病、白粉病、锈病、根腐病、土传花叶病、全蚀病
	抗虫	1408	2500	抗蚜虫、抗线虫、抗吸浆虫
	抗除草剂	1188	948	抗草甘膦、抗草铵膦、抗麦草畏、抗百草枯
	营养高效	389	2775	氮高效、磷高效、钾高效

1.4　相关说明

1.4.1　数据来源与分析工具

- 产业数据：本书第 2 章采用的小麦产业相关数据来自经济合作与发展组织（Organization for Economic Co-operation and Development，OECD）数据库。OECD 是由 38 个市场经济国家组成的政府间国际经济组织，该组织创立的数据库已有

50余年历史，涵盖经济、教育、环境、科学和技术、运输、发展、金融和投资、社会问题、移民和保健、城乡和地区发展、产业和服务、国际能源署能源数据、管理、税收、就业、农业和食品、贸易、国际核能署核能数据等领域。第2章采用的2010—2019年的数据为实际统计数据，2020—2029年的数据为预测数据。分析中的欧盟地区是指欧盟27国，不包括英国。

- 专利数据：本书第3～5章采用的专利文献数据来源于德温特创新平台（Derwent Innovation，DI），该平台基于德温特世界专利索引（Derwent World Patents Index，DWPI）建立，数据涵盖来自50多个专利授权机构及2个防御性公开的非专利文献，提供覆盖全球范围专利的英文专利信息。同时，该平台的ThemeScape专利地图能够以地图的方式显示数据并识别常见主题，用较为直观的方式分析海量专利数据，呈现技术主题、技术趋势、公司研发重点和市场布局等。第4章中的专利质量评分来源于Innography数据库，评估依据包括权利要求数量、引用和被引次数、专利异议和再审查、专利分类、专利家族、专利年龄等。专利运营情况来自incoPat专利分析数据库。
- 论文数据：第6章采用的论文数据来源于Web of Science核心合集：Science Citation Index Expanded（SCIE）数据库和Conference Proceedings Citation Index-Science（CPCI-S）数据库的高质量论文。利用VOSviewer软件进行主题研究热点的挖掘。
- 分析工具：专利和论文数据分析采用科睿唯安的专业数据分析工具（Derwent Data Analyzer，DDA）及Excel 2016。DDA

是一个具有强大分析功能的文本挖掘软件，可以对文本数据进行多角度的数据挖掘和可视化的全景分析，还能够帮助情报人员从大量的专利文献或科技文献中发现竞争情报和技术情报，为洞察科学技术的发展趋势、发现行业出现的新兴技术、寻找合作伙伴、确定研究战略和发展方向提供有价值的依据。

1.4.2 术语解释

- 专利家族：通常人们把具有共同优先权，在不同国家或国际专利组织多次申请、多次公布或批准的内容相同或基本相同的一组专利文献称为专利家族。根据不同的定义和划分规则，衍生出的专利家族种类众多。本书所述的专利家族为 DWPI 专利家族，该专利家族严格遵循“发明 - 记录”的原则，将一项发明对应一个 DWPI 记录，每个 DWPI 专利家族成员在技术内容上是基本相同的。本书中代表专利家族的专利数量单位为“项”。
- 同族专利：第一个录入 DWPI 数据库中的同族专利成员称为“基本专利”，之后收到的等同专利文件称为“等同专利”，即同族专利。本书中代表同族专利的专利数量单位为“件”。
- 最早优先权年：指在同一专利家族中，同族专利在全球最早提出专利申请的时间。专利产出的优先权年份可以反映某项技术发明在世界范围内的最早起源时间。
- 最早优先权国家 / 地区：指在同一专利家族中，同族专利在全球最早提出专利申请的国家或地区。专利申请的最早优先权国家 / 地区可以反映某项技术发明在世界范围内最早起源的国家或地区。

- 欧洲专利局：欧洲专利局（EPO）是根据欧洲专利公约，于1977年10月7日正式成立的一个政府间组织，其主要职能是负责欧洲地区的专利审批工作。欧洲专利局目前有38个成员国，覆盖了整个欧盟地区及欧盟以外的10个国家。通过欧洲专利局申请并授权的专利，可在欧洲专利局覆盖的全部成员国获得保护。本书的文字和图表部分对欧洲专利局简称“欧洲”。通过分析“欧洲”的专利数量（项），可知最早优先权国为欧洲的专利技术的项数；通过分析“欧洲”的专利布局，可知在欧洲专利局申请第一件专利的专利权人随后在其他国家进行同族专利布局的情况。

第2章 全球小麦产业化现状及趋势

小麦是全球分布最广、种植面积最大的粮食作物，目前小麦的主要产区仍集中在亚洲，以中国和印度为主要产区，欧洲地区小麦在全球小麦生产中占的比重也较大。大部分小麦用于食用，也有少部分用于工业消费和饲料消费。因此，小麦在全球粮食生产、贸易甚至在粮食安全议题中具有重要地位，小麦产业化的演变对世界粮食格局有着十分重要的意义。

本章的数据均来自 OECD 数据库，2010—2019 年的数据为实际统计数据，2020—2029 年的数据为预测数据。分析中的欧盟地区是指欧盟 27 国，不包括英国。数据检索时间为 2020 年 8 月 25 日。

2.1 全球小麦供需现状分析

2.1.1 全球供需现状

2010—2019 年，全球小麦收获面积基本维持在较平稳的状态，2015 年之后略有下降趋势。2019 年全球小麦收获面积为 216.03 百万公顷，其中发达国家收获面积为 114.23 百万公顷，略高于发展中国家。从发展中国家收获面积占比来看，发展中国家小麦的收获面积占比在波动中呈增长趋势，从2010年的45.66%增长至2019年的47.12%（见图2.1）。

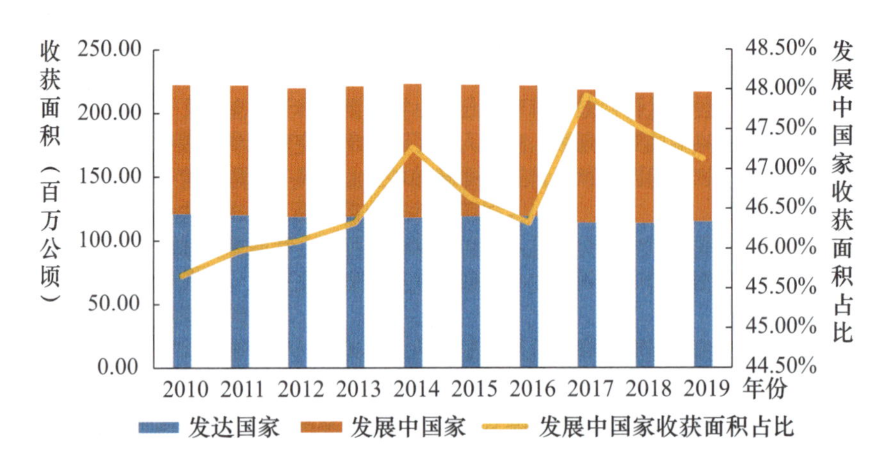

图2.1　2010—2019年全球小麦收获面积

在小麦产量和消费量方面，全球小麦产量和消费量总体呈上升趋势。2019年，全球小麦产量为765.18百万吨，比2010年的653.06百万吨增长了17.17%。对比图2.1小麦收获面积略下降的趋势，说明全球小麦增产不是因为面积的扩大，而是单位面积产量有了一定的提升。2019年小麦消费量为756.49百万吨，比2010年的662.28百万吨增长了14.23%，全球小麦消费呈直线增长趋势。从图2.2中可以看出，大部分年份小麦产业呈供大于求的状态，而2010年、2012年和2018年曾出现产不足需的情况。

2010—2019年发展中国家小麦产量占比在47%～50%间浮动，可见发展中国家和发达国家的小麦产量贡献度较平均，发展中国家产量略低于发达国家。但发展中国家是小麦的主要消费者，全球小麦消费量的60%以上来自发展中国家，且消费量占比呈现上升趋势，可见这些国家除了消费自己生产的小麦，可能还会从发达国家进口一定数量的小麦以满足国内消费需求。

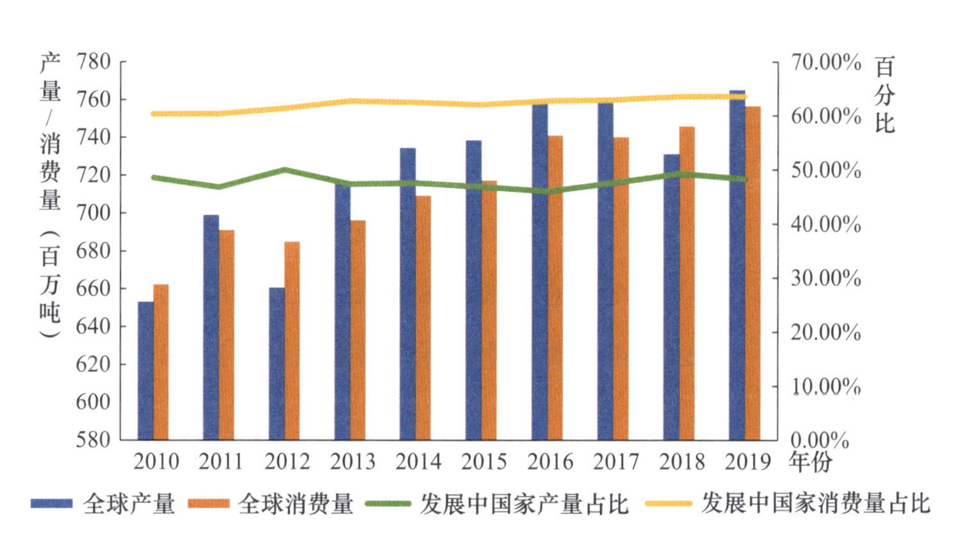

图 2.2　2010—2019 年全球小麦供需情况对比

2.1.2　主产国家 / 地区及供需规模

欧盟、中国、印度、俄罗斯、美国是全球小麦主要的生产国家 / 地区，同时也是主要的消费国家 / 地区。

从 2010—2019 年全球小麦的收获面积来看，2014 年是收获面积最大的年份，为 222.57 百万公顷，2019 年全球小麦收获面积为 216.03 百万公顷，较 2014 年下降了 2.96%。印度小麦的收获面积要大于其他国家 / 地区，2015 年其收获面积为 31.47 百万公顷，之后 4 年收获面积略有下降。自 2012 年后，俄罗斯小麦收获面积虽偶有波动，但整体呈现上升趋势，2019 年其收获面积为 28.10 百万公顷。欧盟小麦收获面积一直稳定在 24.00 百万公顷上下。中国 2019 年的收获面积为 23.73 百万公顷，较 2018 年下降了 2.22%（见表 2.1）。

表 2.1　小麦主要生产国家 / 地区 2010—2019 年收获面积

单位：百万公顷

国家 / 地区	2010 年	2011 年	2012 年	2013 年	2014 年	2015 年	2016 年	2017 年	2018 年	2019 年
全球	221.89	221.64	219.26	220.66	222.57	221.85	221.05	217.81	215.44	216.03
欧盟	24.10	24.24	23.88	24.18	24.78	24.93	25.20	24.14	23.74	24.42
中国	24.46	24.52	24.58	24.47	24.47	24.60	24.69	24.51	24.27	23.73
印度	28.46	29.07	29.86	29.65	30.47	31.47	30.23	30.79	29.58	29.08
俄罗斯	26.62	25.57	24.69	25.08	25.26	26.83	27.71	27.92	27.26	28.10
美国	19.26	18.49	19.75	18.33	18.78	19.14	17.73	15.22	16.03	14.93
加拿大	8.30	8.55	9.48	10.45	9.55	9.56	8.98	8.98	9.88	9.66

图 2.3 为 2019 年全球小麦主产国家 / 地区分布。2019 年，欧盟小麦产量为 138.90 百万吨，占全球小麦产量的 18%；中国产量为 133.59 百万吨，占全球产量的 18%；印度产量为 102.19 百万吨，占全球产量的 13%，这 3 个国家的小麦产量占全球小麦产量的将近一半，是最集中的小麦产区。俄罗斯、美国、加拿大小麦产量也位居前列。

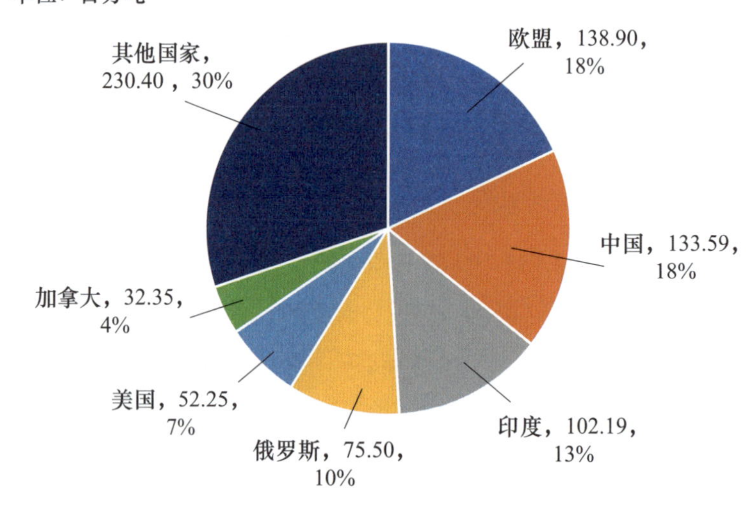

图 2.3　2019 年全球小麦主产国家 / 地区分布

图 2.4 为 5 个小麦主产国家 / 地区的产需和出口情况，对 5 个国家 / 地区小麦消费量、出口量、产量和库存量进行了分析。

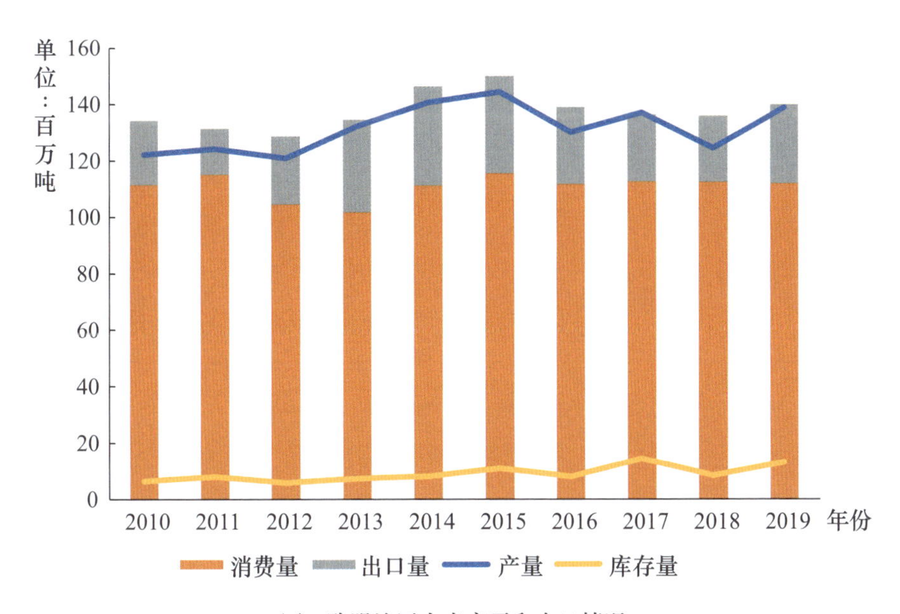

(a) 欧盟地区小麦产需和出口情况

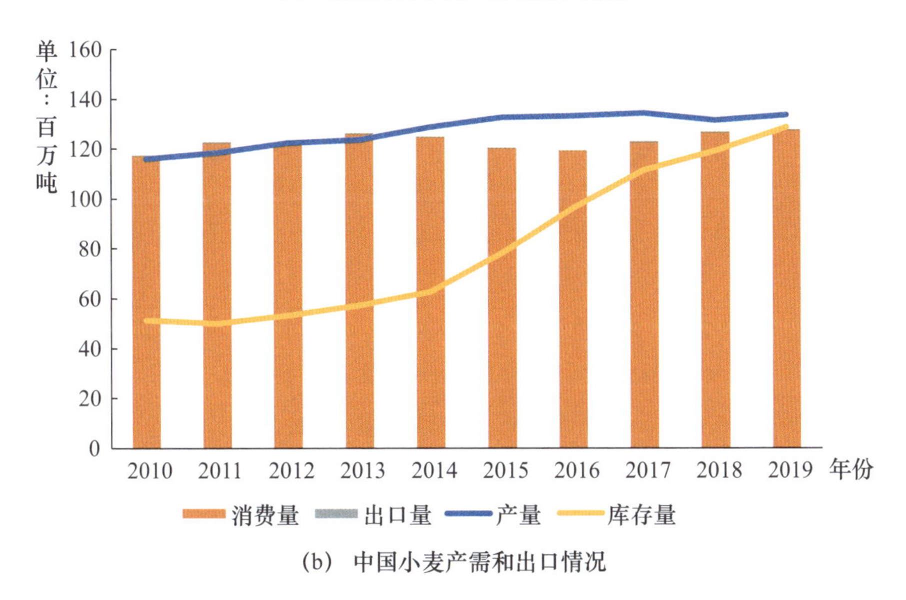

(b) 中国小麦产需和出口情况

图 2.4　5个小麦主产国家 / 地区的小麦产需和出口情况

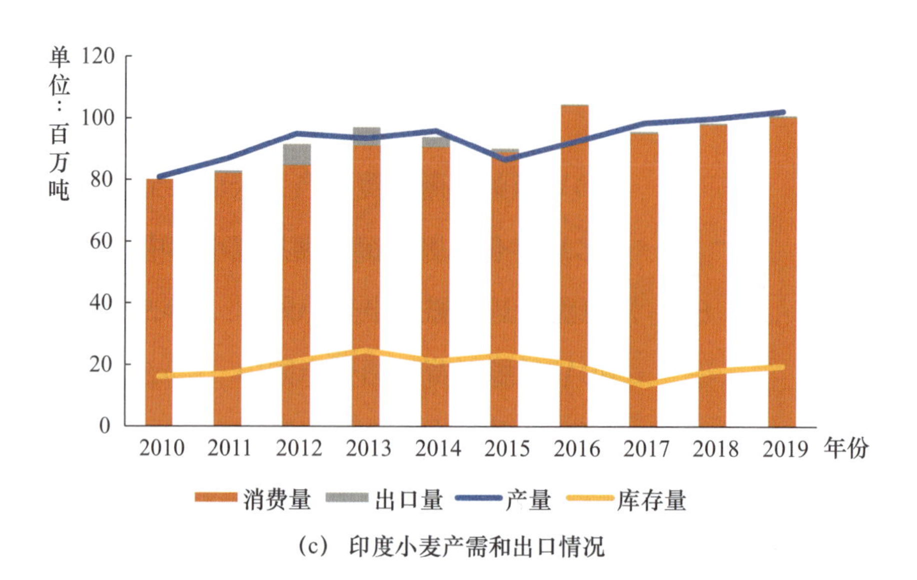

（c） 印度小麦产需和出口情况

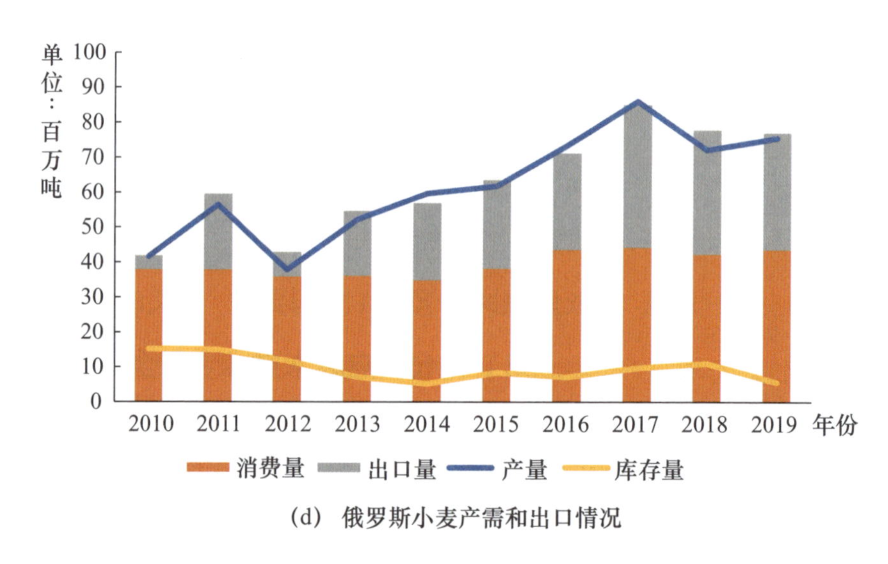

（d） 俄罗斯小麦产需和出口情况

图 2.4　5个小麦主产国家 / 地区的小麦产需和出口情况（续）

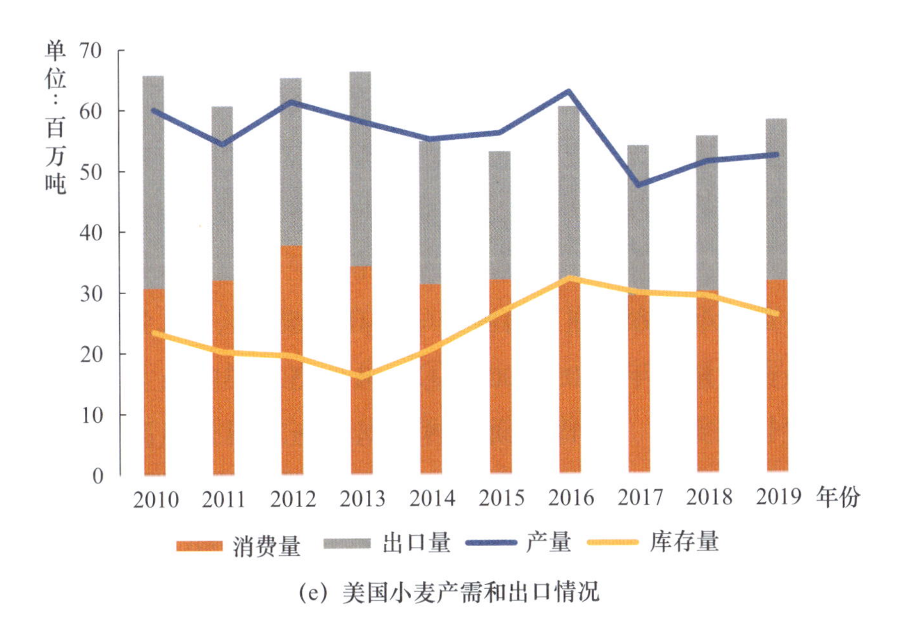

(e) 美国小麦产需和出口情况

图 2.4　5个小麦主产国家 / 地区的小麦产需和出口情况（续）

欧盟是全球小麦主产区之一，2012—2015 年是小麦产量增长较为明显的阶段，2015 年产量为 144.46 百万吨，之后产量整体略有下降，2019 年为 138.90 万吨。小麦库存量和产量的变化趋势大体一致，2019 年小麦库存量为 13.26 百万吨，较 2018 年增长 54.73%。而欧盟的小麦消费量 2016—2019 年间一直稳定在 112.00 百万吨左右，远小于产量，因此欧盟有足够的小麦用于出口，2014 年是小麦出口的高峰，当年出口小麦 35.06 百万吨。2019 年欧盟又一次调整了小麦出口的步伐，出口小麦 27.83 百万吨，比 2018 年出口 23.40 百万吨增长了 18.93%。

中国小麦产量从 2010 年的 116.14 百万吨增长至 2019 年的 133.59 吨，增长率为 17.45%。中国小麦的库存量自 2014 年起也有了明显提升，2019 库存量为 128.61 百万吨，较 2010 年的 51.48 百万吨增长了 149.83%，有力地保证了中国小麦市场供求的平衡。中国小麦的出口量一直不高，2010—2019 年每年只有不到 0.5 百万吨的小麦用于出口其他国家。

印度也是农业大国，2015 年起小麦产量一直处于稳步上升状态，2019 年小麦产量为 102.19 百万吨，仅次于欧盟和中国。印度小麦的消费量整体也呈上升趋势，与产量呈紧平衡状态。2012—2014 年，印度曾出口一定数量的小麦，2012 年出口量最多为 6.80 百万吨，2014 年后出口量下降较快。低出口量也使得印度 2017—2019 年间的小麦库存量增加。

俄罗斯小麦生产一直处于供大于求的状态，是全球小麦的出口大国，2012—2017 年，俄罗斯小麦产量和出口量处于快速发展阶段，2017 年产量为 86.00 百万吨、出口量为 40.82 百万吨，当年出口量为产量的 47.47%，但仍可以满足俄罗斯国内的小麦消费需求。

美国小麦产业的格局同俄罗斯略有相似，在满足美国国内需求的前提下有近 50% 的小麦用于出口，是主要的小麦出口国之一。美国小麦产量自 2016 年后略有下降，2019 年小麦产量为 52.25 百万吨，美国国内消费量一直稳定在 30.00 百万吨上下，小麦库存量自 2013 年起有所增长，2016 年时库存量达 32.17 百万吨。

2.2 全球小麦贸易规模分析

长期以来，小麦的国际贸易活动都处于十分活跃的状态，各年份进出口量之间的差距不明显，进出口量整体呈增长趋势。2019 年全球小麦进口量为 171.94 百万吨，比 2010 年同期增长了 29.33%；2019 年出口量为 174.08 百万吨，比 2010 年同期增长了 32.64%。

从发展中国家进出口量占比情况来看，发展中国家是小麦主要的进口区域，全球进口量约 80% 的小麦是由发展中国家进口用于满足国内消费需求的，而这些国家小麦出口量很少，只占全球出口量的 15% 左右（见图 2.5）。可见，发展中国家由于供不应求等因素，在小麦贸易中过于依赖进口，更容易受到发达国家在国际贸易中主导的经济规则和秩序的制约。

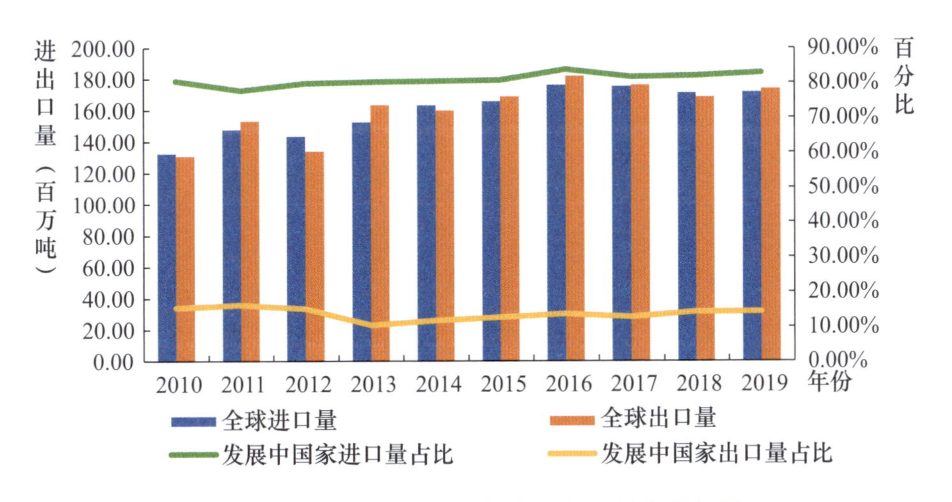

图 2.5　2010—2019 年全球小麦国际贸易规模

埃及、印度尼西亚、土耳其、巴西等国家是全球小麦主要的进口国，由于其国内饮食习惯的改变和饲料需求的不断增加，当地小麦产量无法满足需求，导致这些国家小麦进口量也不断攀升。埃及是全球最大的小麦进口国，除 2012 年外，年度进口量均在 10.00 百万吨以上，2019 年埃及进口小麦 12.50 百万吨，较 2010 年增长了 23.27%。巴西在 2010—2012 年是第二大小麦进口国，2013 年进口量下降，之后进口量缓慢增长。印度尼西亚小麦进口量增长速度较快，目前已超过巴西成为第二大小麦进口国，有分析指出，印度尼西亚政府禁止进口玉米，饲料加工业需要使用小麦替代玉米，导致印度尼西亚进口小麦增多[42]。2019 年印度尼西亚进口小麦 11.10 百万吨，较 2010 年同期增长了 86.24%（见图 2.6）。

欧盟、俄罗斯、美国、加拿大等小麦主产国家 / 地区同样也是较大的小麦出口国家 / 地区，且近年来小麦出口量均有所增加，在小麦国际贸易中占有主导地位。2013 年之前，美国是小麦最大的出口国，2013—2015 年欧盟反超美国，但 2016 年之后这两个国家 / 地区的小麦出口量均有所下降。自 2017 年开始，俄罗斯超越美国和欧盟成为全球最大的小麦出口国，2017 年俄罗斯的小麦出口量为 40.82 百万吨，2019 年出口量为 33.50 百万吨，是 2010 年出口量的 8.52 倍，其小麦主要出口至北非、中东和土耳其等国家 / 地区。乌克兰、阿根廷两国的小麦出口量也呈上升趋势（见图 2.7）。

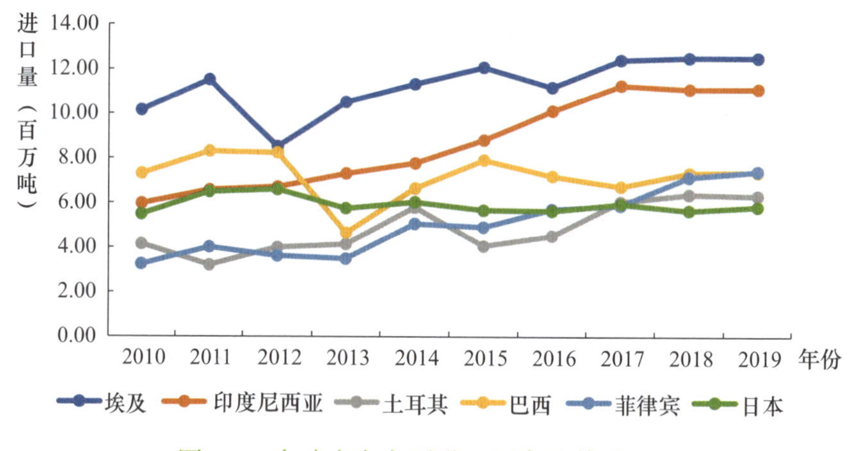

图 2.6　全球小麦主要进口国家及其进口量

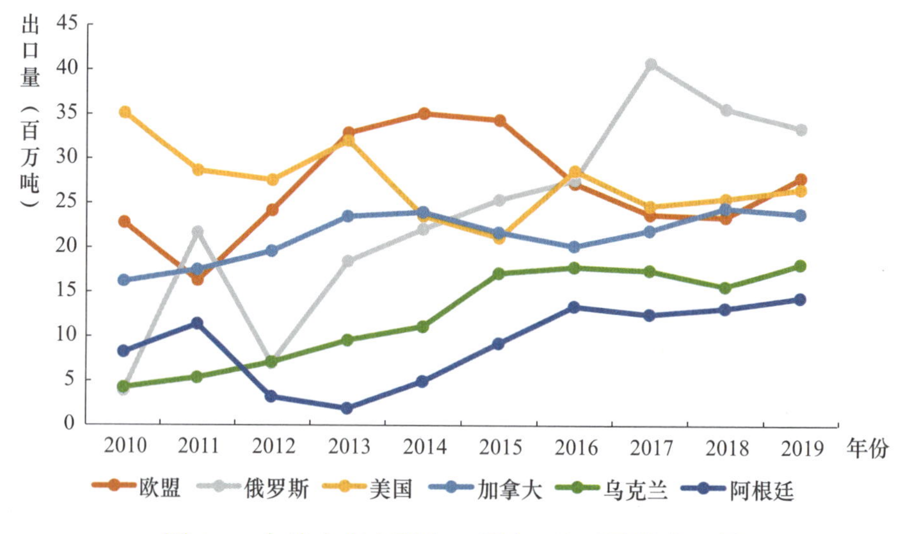

图 2.7　全球小麦主要出口国家 / 地区及其出口量

2.3　全球小麦生产及贸易情况预测

OECD 预测数据显示，2019—2029 年全球小麦产量和消费量均有增长，且处于相对平衡的状态，产量略高于消费量。从发展中国家产量和消费量占比来看，全球小麦生产和消费格局在短时间内不会有太大改变，发展中国家小麦产量略低于发达国家，产量占比约为 48%。发展中国家仍是小麦消费主要区域，消费量占比在 60% 以上（见图 2.8）。

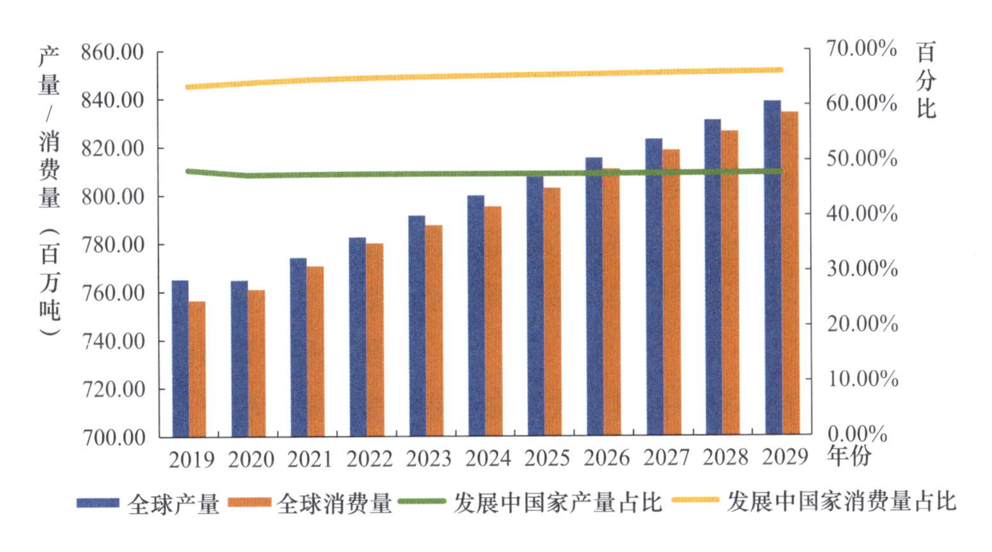

图 2.8　2019—2029 年全球小麦供需趋势预测

根据预测，2019—2029 年全球小麦贸易形势较稳定，进口量与出口量均稳步增长。发展中国家仍将大量进口小麦，占全球进口量的 80% 以上，出口量依旧维持在较低水平，发展中国家小麦出口量只占全球出口量的 13% 左右（见图 2.9）。

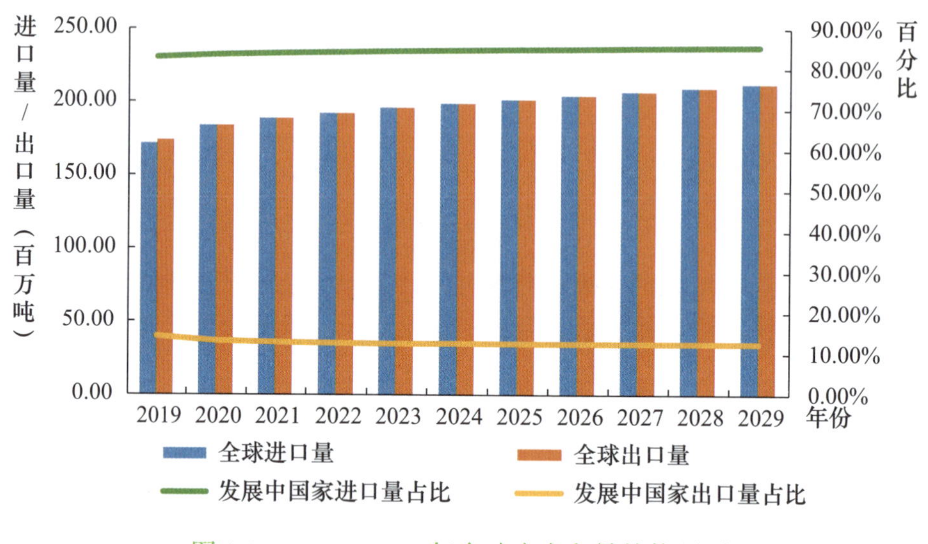

图 2.9　2019—2029 年全球小麦贸易趋势预测

2.4　中国小麦供需及贸易现状分析

2.4.1　中国小麦生产规模及供需现状

2010—2019 年，我国小麦产量呈现波动上升的趋势，产量增长明显。2017 年，我国小麦产量最高，达 134.344 百万吨，比 2010 年的 116.141 百万吨增长了 15.67%。2018 年，由于小麦产区先后出现降雨、冻害等恶劣自然天气，影响了小麦的生长和出穗，导致当年小麦产量减少，比 2017 年产量减少了 2.902 百万吨。2019 年，我国小麦产量又恢复至 133.59 百万吨。

较之小麦产量的不断上升，我国小麦收获面积在 2016 之后却下降明显。2016 年，我国小麦收获面积最大为 24.694 百万公顷，2019 年下降至 23.727 百万公顷，下降了 3.92%（见图 2.10）。小麦收获面积下降，但产量仍保持较稳定的状态，表明我国小麦在科学技术的帮助下单位面积产量有较大提升。

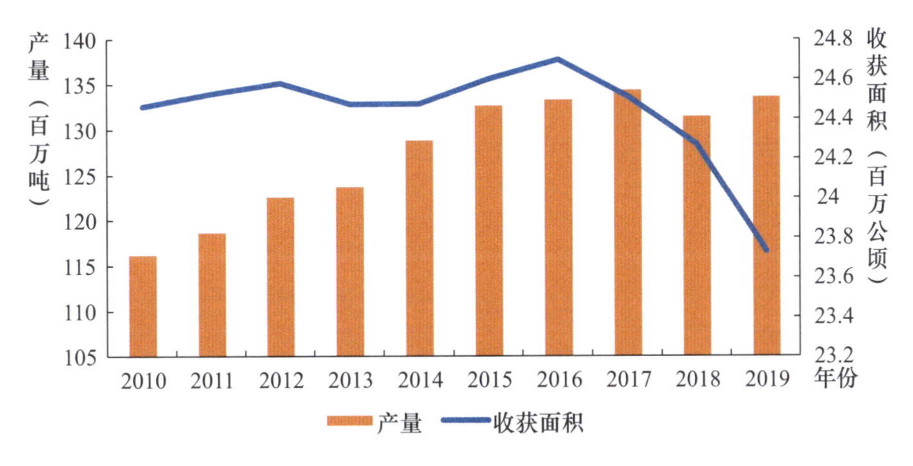

图 2.10　中国小麦生产规模

我国大部分小麦消费为口粮消费，一小部分小麦作为饲料消费和工业消费。随着人民生活水平的不断提高，国内小麦消费量逐渐提升，特别是对优质小麦的需求不断增加。2010—2014 年，我国小麦产量和当年消费量基本持平，呈现供需紧平衡的状态。2014 年后，小麦产量持续攀升，而小麦消费量略有下降趋势，与此同时，小麦库存量增长较快，我国小麦储备充足，可满足国内消费需求。2016 年后，小麦产量趋于稳定，消费量稳步上升，供需处于较平衡的状态（见图 2.11）。2020 年 4 月，国家粮食和物资储备局粮食储备司司长秦玉云表示，我国小麦库存量能够满足一年以上的市场消费需求，粮食供应充足 [43]。

2.4.2　中国小麦国际贸易现状

2010—2019 年，我国小麦贸易以进口为主，主要从美国、加拿大和澳大利亚进口。我国小麦一直处于贸易逆差的状态，最大贸易逆差出现在 2016 年。虽然我国小麦产量、库存量略有盈余，可满足国内消费需求，且单位面积产量逐渐提高，但优质小麦缺口较大，因此需要借助进口来进行品种调剂，培育更符合营养价值需求、口感更好的优质小麦。2019 年，我国进口小麦 3.50 百万吨，比 2010 年增长了 332.10%；出口小麦 0.30 万吨，比 2010 年下降了 28.57%（见表 2.2）。

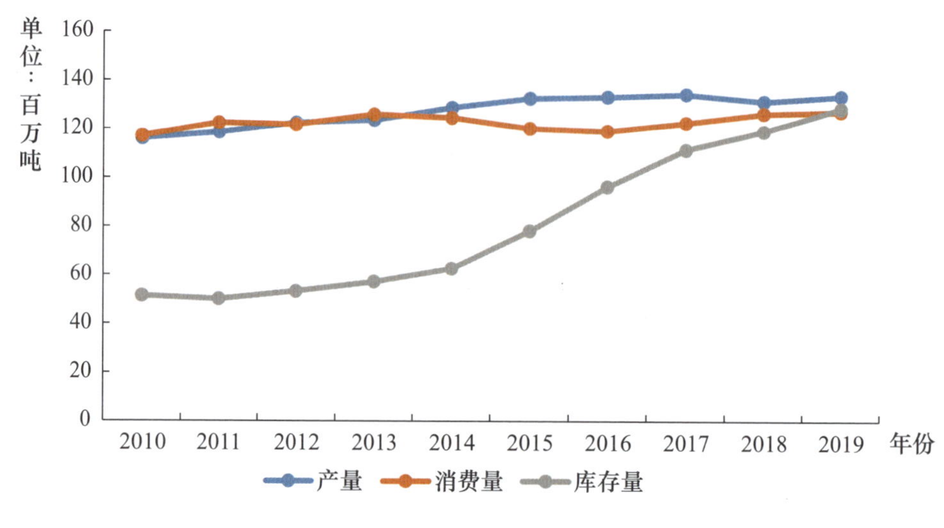

图 2.11　中国小麦供需情况

表 2.2　2010—2019 年中国小麦贸易逆差情况

单位：百万吨

年份	2010	2011	2012	2013	2014	2015	2016	2017	2018	2019
进口量	0.81	2.96	2.92	6.60	1.54	3.35	4.25	3.88	2.99	3.50
出口量	0.42	0.43	0.41	0.33	0.22	0.16	0.14	0.39	0.35	0.30
净出口量	−0.39	−2.54	−2.51	−6.28	−1.32	−3.19	−4.12	−3.49	−2.64	−3.20

进口依存度是指某一国产品的进口总额（总量）占国内生产总值（总量）的比例，该指标用来测度某国经济对国际市场的依赖程度，在粮食贸易中可用来估测国际竞争力和粮食安全的情况，其计算公式如下：进口依存度 = 进口总额（总量）/ 国内生产总值（总量）×100%。

如图 2.12 所示，我国小麦进口依存度一直处于波动状态，略呈增长态势。2010—2013 年，随着小麦进口量的不断增长，小麦进口依存度也不断提高，2013 年达到顶峰。2014 年，我国小麦产量回升，小麦进口依存度逐渐下降，但此后整体又呈现缓慢增长态势。

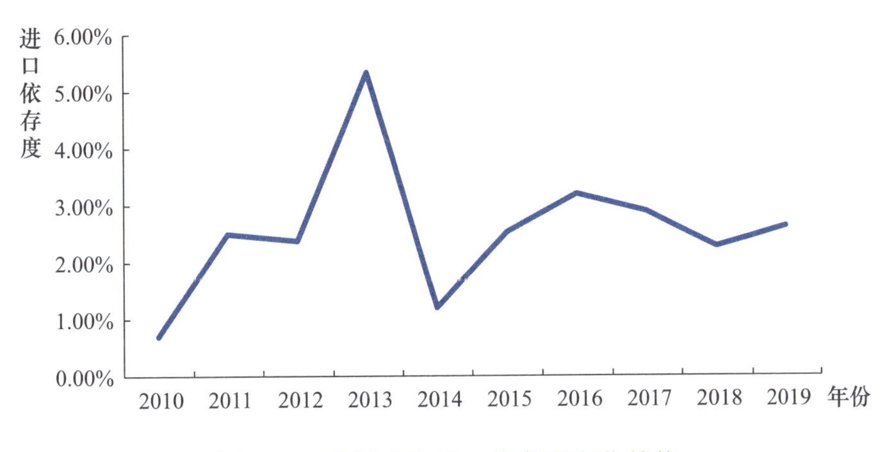

图 2.12　中国小麦进口依存度变化趋势

2.4.3　中国小麦产业未来趋势预测

2020—2029 年，我国小麦产业供需趋势将呈现 3 个特点。一是收获面积持续下降。2020 年，我国小麦收获面积为 23.38 百万公顷，比 2019 年减少 1.47%，到 2029 年预计我国小麦收获面积为 23.05 百万公顷。二是产量缓慢上升。2020 年，我国小麦产量为 134.25 百万吨，比 2019 年减少 1.27%，或与气候、新冠肺炎疫情等因素有关。但此后几年小麦产量会稳步回升，2029 年预计产量为 135.98 百万吨。三是消费量大幅提升。预计自 2020 年起我国小麦消费量将逐年升高，且提升幅度较大，至 2029 年消费量可达 143.46 百万吨。根据 2020 年农业展望大会的分析 [44]，2020 年我国小麦口粮消费和工业消费均有增长，但受非洲猪瘟疫情影响，饲料消费有所下降。从图 2.13 来看，我国小麦产量和消费量的缺口将逐渐增大，因此急需提高单位面积产量、扩大种植面积并适当进口小麦以满足国内需求。

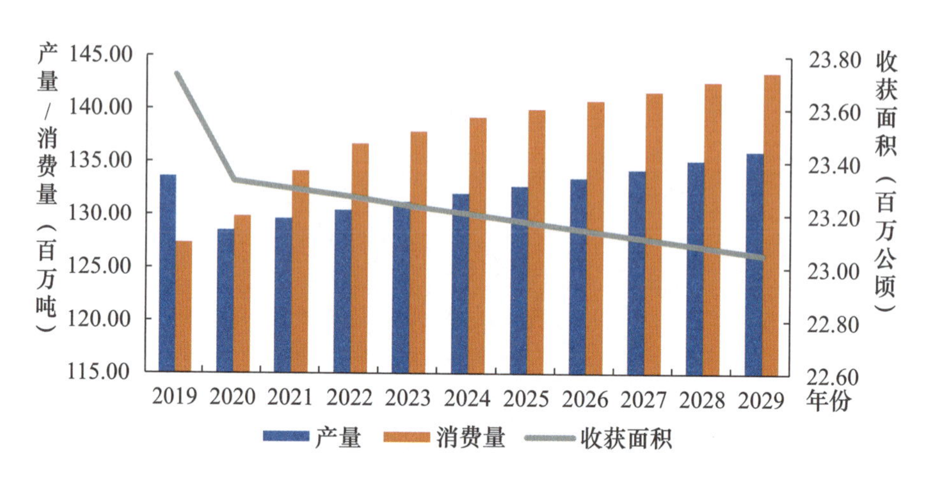

图 2.13　2020—2029 年中国小麦供需趋势

预计 2020—2029 年我国小麦进口量将逐渐增长。根据农业农村部的统计[45]，2020 年 1—7 月，我国进口小麦 4.29 百万吨，同比增长 45.2%。预测数据显示，2023 年是我国小麦进口量相对较多的一年，为 9.63 百万吨，较 2019 年增长了约 1.7 倍。2023 年之后进口量或可达到一定的平衡。与此同时，我国小麦出口量整体变化不大，甚至略有下降（见图 2.14）。

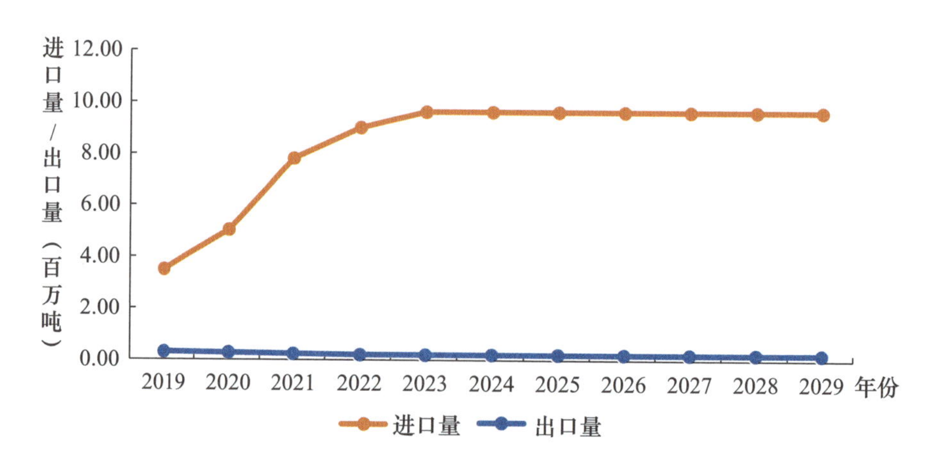

图 2.14　2020—2029 年中国小麦国际贸易形势预测

第3章
小麦分子育种全球专利态势分析

3.1 全球和中国专利数量年份趋势

截至2020年12月20日，小麦分子育种领域全球专利数量总体为7566项。图3.1为小麦分子育种全球专利数量年份趋势，无论是全球还是中国，专利数量整体呈现增长态势，尤其是中国，整体的增长态势更为明显。全球专利数量自1998年起有明显上升，2001—2005年、2009年及2014—2015年分别出现了短暂的专利数量下降，但总体呈上升趋势。考虑到专利从申请到公开的时滞（最长达30个月，其中包括12个月优先权期限和18个月公开期限），2018—2020年的专利数量与实际不一致，因此不能代表这3年实际的申请趋势。本书其余章节的专利数量统计数据也是如此，不再赘述。

1973年首次产出2项小麦分子育种专利，分别是苏联UKR AGRIC ACAD（UAGR）申请的SU485723A“Assessing resistance of wheat varieties by soaking in distilled water to find oxidation-reduction potential”与苏联SUGAR BEET RES INST（SUGA-R）申请的SU489966A“Pollen determination in angiospermous plants determines fertility count of pollen grain by observation in a photoelectric colorimeter”，由此进入了全球小麦分子育种研发的起步阶段。

1998—2000 年、2013 年专利数量增长幅度较大，出现了专利数量的低潮期，2016—2018 年回升为年专利数量 400 项以上（见图 3.1）。

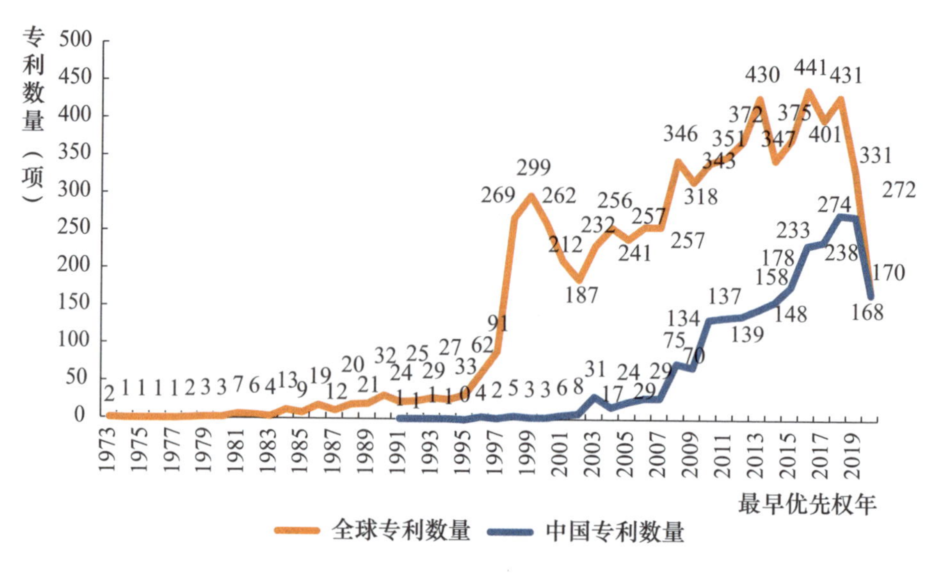

图 3.1　小麦分子育种全球专利数量年份趋势

图 3.2 为全球小麦分子育种专利技术生命周期图，每 3 年合并为一个节点。每个节点的产业主体数量为横坐标，专利数量为纵坐标，通过产业主体数量和专利数量的逐年变化关系，揭示全球小麦分子育种专利技术所处的发展阶段。通常意义上，技术生命周期将一项技术划分为萌芽期、成长期、成熟期、衰退期和恢复期 5 个阶段。萌芽期：专利技术产生并逐步进入产品市场试验的一段时期，因专利发展预期不明朗，专利数量和产业主体数量都不多，产出的大多是本领域的基础性专利，技术不成熟。成长期：在萌芽期的基础技术问题被攻克后，新技术不断地延伸和扩展至相关领域，技术渐渐被市场接受，其吸引力逐渐显现，吸引原产业主体和新产业主体相继加大研发力度或开始投入研发，因此该阶段专利数量和产业主体数量会急剧上升。成熟期：技术趋于成熟（技术已经比较普遍、

应用范围较广泛、研究非常深入），专利数量增长速度降低，产业主体的类型和数量已经稳定，会出现增长缓慢或下降的趋势，极少有新的产业主体进入该领域。衰退期：因产业技术陈旧或遭遇技术瓶颈，技术发展趋于停滞，市场出现饱和状态，专利数量和产业主体数量逐步减少。恢复期：伴随技术的革新与发展，原有的技术瓶颈得到突破，带来新一轮的专利数量及产业主体数量的增加。从图 3.2 中可以看出，1994 年以前为萌芽期：虽然分子生物学技术已经有了突破性进展，但尚未大量运用到作物育种领域，仍处于探索阶段，此时小麦分子育种的专利数量和产业主体数量均不多。例如，小麦基因转化方法中的基因枪法最早是由美国康奈尔大学的 Sanford 等（1987 年）研制的火药引爆的基因枪 [46]。早期引人注目的研究包括 Vasil 等（1992 年）通过基因枪将 *GUS*/*Bar* 基因导入小麦品种“Pvaon”中，以获得对除草剂 Basat 具有抗性的再生植株及其后一代（Tl），这是世界上第一株转基因小麦植株，且已进入田间试验阶段 [47]；Weeks 等（1993 年）从 50 ～ 1000 个未成熟胚得到 1 个转基因小麦植株 [48]。1994—2002 年为成长期：从图 3.2 中可以看出，这一阶段的专利数量、产业主体数量均出现大幅上升。Becker 等（1994 年）采用未成熟盾片组织，将 *UidA* 和 *Bar* 基因通过基因枪法导入小麦，建立起了比较完善的转化体系 [49]。阎新甫等（1994 年）通过花粉管途径将抗白粉病的大麦 DNA 直接导入感染病的小麦品种花 76 中，研究获得了符合遗传规律的稳定抗病后代 [50]。Cheng 等（1997 年）使用农杆菌感染小麦幼胚及胚性愈伤组织，首次通过农杆菌法获得小麦转基因植株 [51]；夏光敏等（1999 年）报道了 Transgeni 根癌农杆菌介导的小麦转基因植株再生的方法 [52]。2003—2005 年为成熟期：此阶段伴随分子育种技术的成熟，小麦分子育种专利数量稳步上升，但产业主体数量略有下降。2006—2017

年为又一次的成长期：由于分子标记辅助选择、基因编辑、分子设计育种体系的日趋成熟，小麦分子育种又迎来了一次新的发展，这一时期的专利数量和产业主体数量均出现明显增长。2018—2020年：专利数量与实际不一致，因此不能明确判断这3年实际的研发趋势，但从现有数据可以看出，2018年之后的专利数量和产业主体数量均有下降，再加上主流分子育种技术的日趋成熟，提示小麦分子育种领域正在孕育新的技术，可能即将进入新的研发阶段。

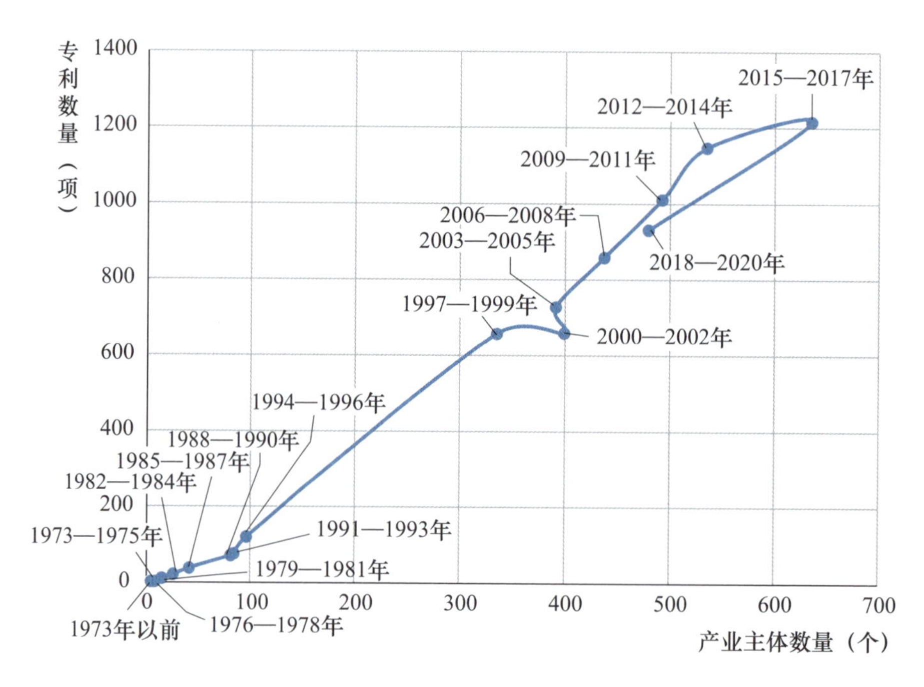

图3.2　全球小麦分子育种专利技术生命周期图

3.2　全球专利地域分布

3.2.1　全球专利来源国家/地区

图3.3为全球小麦分子育种专利主要来源国家/地区分布，专利最早优先权国家/地区在一定程度上反映了技术的来源地。从

图 3.3 中可以看出，专利数量 TOP5 的国家 / 地区依次是：美国、中国、欧洲、日本、英国。其中，美国和中国在小麦分子育种领域的优势地位明显，专利数量分别为 3528 项、2389 项，占全部专利数量的 78.21%，分别是排名第三的欧洲专利数量的约 8 倍、约 5 倍。

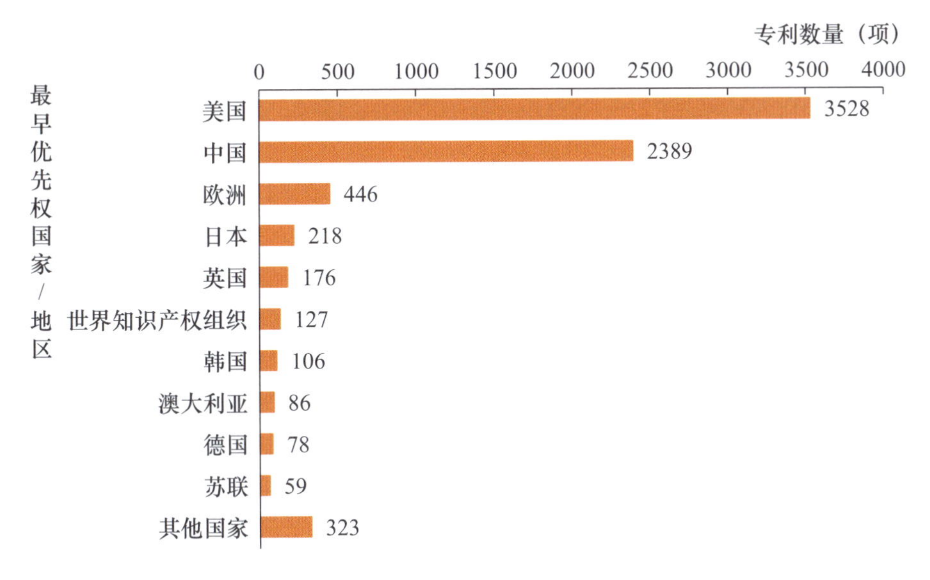

图 3.3　全球小麦分子育种专利主要来源国家 / 地区分布

表 3.1 是全球小麦分子育种主要专利来源国家 / 地区活跃机构及活跃度。美国是小麦分子育种专利产出最早的国家，杜邦公司、孟山都公司、巴斯夫公司这些种业领域的巨头是该国的主要产业主体，3 个产业主体的专利数量占美国全部专利数量的 45.46%，2018—2020 年专利数量占比为 4%，研发活动不太活跃。欧洲、日本和英国也是小麦分子育种专利产出较早的国家，欧洲和英国 2018—2020 年的专利数量占比均为 3%，低于美国。中国于 1991 年开始有小麦分子育种相关专利出现，由于我国小麦需求量大，小麦分子育种一直是我国热门的研究领域，2018—2020 年专利数量占比为 30%，是研发活动最活跃的国家，相比之下，欧洲、英国在 2018—2020 年的研

发活跃度较低，或许与欧盟国家限制转基因作物种植有关。

与欧美国家主要产业主体均为大型企业不同，中国和日本专利的产业主体主要是科研机构和高校。

表 3.1　全球小麦分子育种主要专利来源国家 / 地区活跃机构及活跃度

国家 / 地区	专利数量（项）	主要产业主体	时间区间（年）	2018—2020 年专利数量占比
美国	3528	杜邦公司 [912]; 孟山都公司 [467]; 巴斯夫公司 [225]	1977—2019	4%
中国	2389	中国农业科学院作物科学研究所 [207]; 中国科学院遗传与发育生物学研究所 [144]; 南京农业大学 [99]	1991—2020	30%
欧洲	446	巴斯夫公司 [212]; 拜耳作物科学 [52]; 帝斯曼知识产权资产有限公司 [19]	1986—2019	3%
日本	218	日本农业生物技术公司 [35]; 日本国家农业与食品研究所 [37]; 日本科学振兴机构 [12]	1983—2019	6%
英国	176	先正达公司 [35]; 阿斯利康公司 [24]; PBL 公司 [24]	1986—2018	3%

图 3.4 是全球小麦分子育种专利 TOP5 国家 / 地区技术分布。可以看出，美国、中国、欧洲、日本和英国 5 个国家的专利均涉及 9 个技术分类，转基因技术是主要技术。美国、欧洲、日本和英国排在第二位的专利技术均为载体构建，中国排在第二位的专利技术则是分子标记辅助选择技术。美国和日本排在第三位的专利技术为分子标记辅助选择，中国排在第三位的专利技术为载体构建，欧洲和英国则为诱变育种。

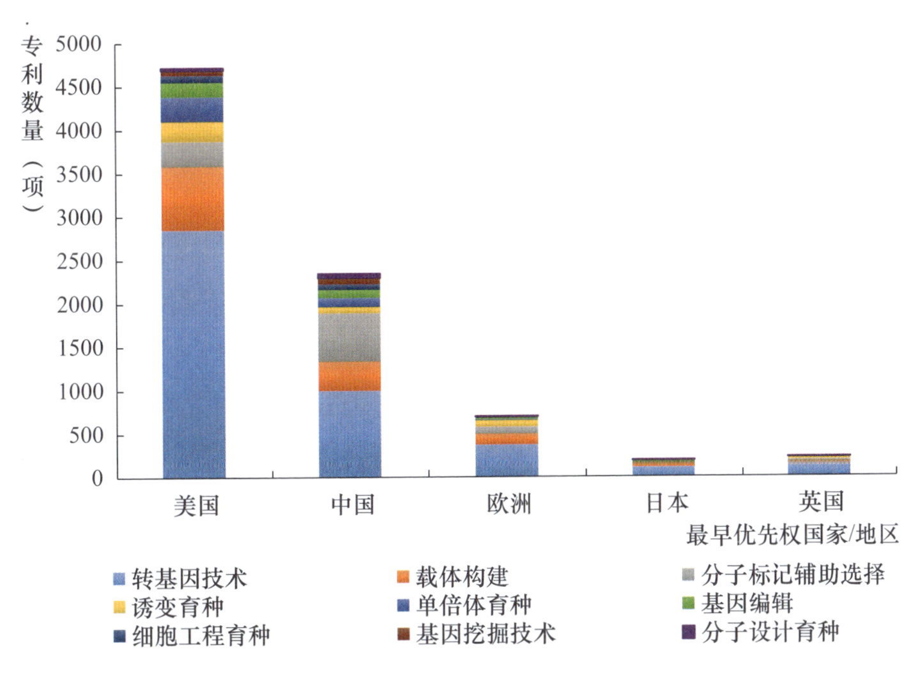

图 3.4　全球小麦分子育种专利 TOP5 国家 / 地区技术分布

3.2.2　全球专利受理国家 / 地区

大部分产业主体在进行知识产权保护布局时，首先会选择在本国申请专利，一些竞争力强、技术保护意识好的产业主体尤其是企业还会在具有重要价值的海外市场进行专利布局，通过构建目标区域技术壁垒，提高知识产权防御能力，以此拓展目标市场，达到提升国际竞争力的目的。因此，一个国家 / 地区的专利受理情况，在某种程度上反映了技术的流向，也反映了其他国家对该国市场的重视程度。

图 3.5 显示了全球小麦分子育种专利受理国家 / 地区分布，各国家 / 地区受理的专利总数为 39155 件。其中，美国受理的专利为 8530 件，约占全球小麦分子育种专利总件数的 21.79%，可见美国是该领域技术流向主要国家，是全球最受重视的技术市场；中国受理的专利为 5493 件，约占全球小麦分子育种专利总量的 14.03%；

世界知识产权组织受理的专利为5225件，约占全球小麦分子育种专利总量的13.34%。此外，欧洲、澳大利亚、加拿大、巴西、日本、墨西哥、印度等国家/地区也有一定数量的专利布局。

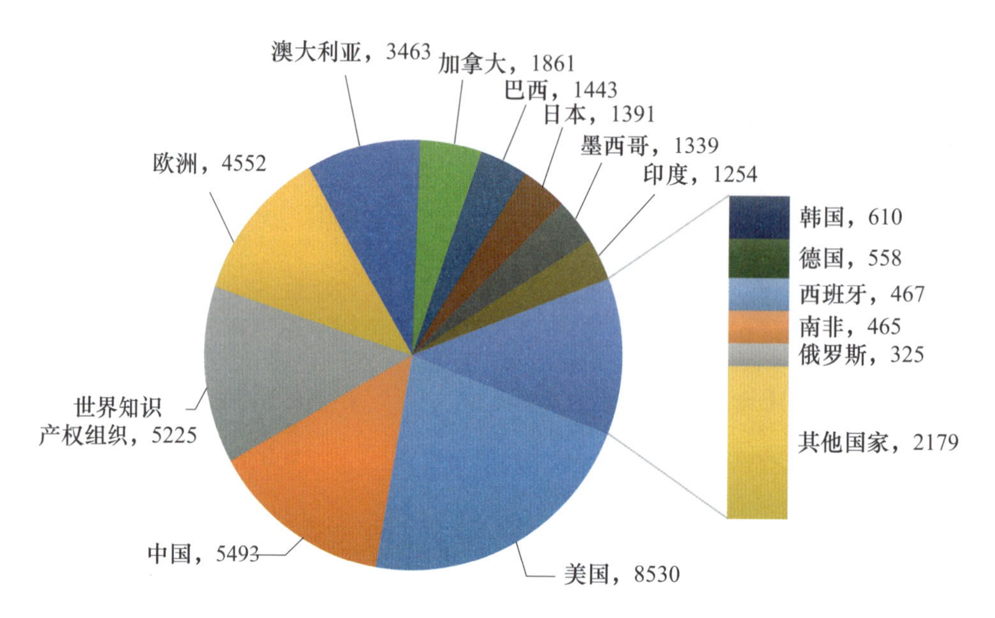

图3.5　全球小麦分子育种专利受理国家/地区分布（单位：件）

3.2.3　全球专利技术流向

借助技术起源地（专利优先权国家/地区）与技术扩散地（专利家族受理国家/地区）之间的关系，可以探讨专利数量TOP4的国家/地区之间的技术流向特点。从图3.6中可以看出：经日本输出的专利比例最高，有37.96%的专利流向了其他3个国家/地区的市场；美国和欧洲专利局之间输出的专利比例较高，在日本布局的专利数量相对较少，分别只有2.91%、2.25%的专利流向日本。相较其他3个国家/地区，中国在海外布局的专利数量较少，有2.39%的专利流向美国，有1.03%的专利流向欧洲，仅有0.33%的专利流向日本，由此提示中国产业主体也需要关注海外重点市场的专利布局和保护。

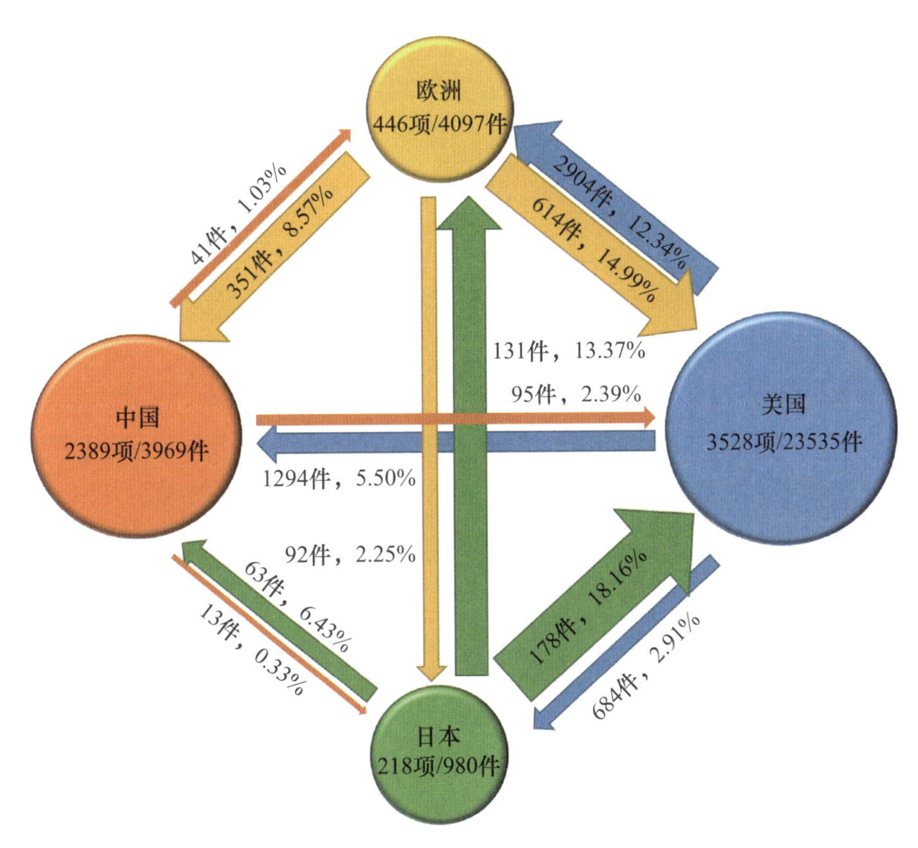

图 3.6　全球小麦分子育种专利 TOP4 国家 / 地区技术流向

3.2.4　全球专利同族和引用

本节对全球 7566 项小麦分子育种专利家族进行申请号归并，获得同族专利 39155 件，并对每件专利进行引用情况统计。

从表 3.2 中可以看出，德国 78 项专利家族展开后的同族专利数量为 753 件，排名第七，但专利的篇均被引次数排名第一，为 5.46 次，说明德国专利影响力大。美国与其他国家 / 地区相比拥有更庞大的专利家族，3528 项专利家族展开后的同族专利数量达 23535 件，排名第一，专利的篇均被引次数排名第二，为 5.03 次，说明美国技术体系完善，发展的连续性好，专利影响力大。英国 176 项专利家族展开后的同族专利数量为 1370 件，排名第四，专利的篇均被引次数为 4.50 次，排名第三，专利质量也较优。日本 218 项专利家族展开后的同族专利数量为 980 件，排名第五，专利的篇均被引次数为 2.91 次，排名第四。欧洲 446 项专利家族展开后的同族专利数量为 4097 件，排名第二，专利的篇均被引次数为 2.65 次，排名第五。总体而言，亚洲国家的同族专利数量和专利质量总体普遍低于欧美国家，专利质量和影响力还有待提升。

表 3.2　小麦分子育种技术专利家族与引用统计

同族专利数量排名	专利来源国家 / 地区	同族专利数量（件）	引用专利数量（件）	篇均被引次数（次）
1	美国	23535	118481	5.03
2	欧洲	4097	10850	2.65
3	中国	3969	5103	1.29
4	英国	1370	6161	4.50
5	日本	980	2854	2.91
6	澳大利亚	946	1789	1.89
7	德国	753	4108	5.46
8	世界知识产权组织	746	1835	2.46
9	韩国	324	382	1.18
10	苏联	59	32	0.54

3.2.5　主要国家 / 地区专利质量对比

图 3.7 是全球小麦分子育种主要国家 / 地区专利质量分布。从 Innography 数据库获取到有专利价值度的专利共 29686 件，其中美国专利 17927 件，欧洲专利 3247 件，中国专利 3894 件，英国专利

907 件，日本专利 708 件，澳大利亚专利 705 件，德国专利 514 件，世界知识产权组织专利 601 件，韩国专利 103 件，苏联专利 59 件。美国在 10 个分数段拥有的专利数量均最多，其中，美国 90 ～ 100 分的专利共 274 件，占 90 ～ 100 分全部专利数量（329 件）的 83.28%，可见美国高价值专利占比高，影响力大。中国 90 ～ 100 分的专利有 5 件，排名第六。

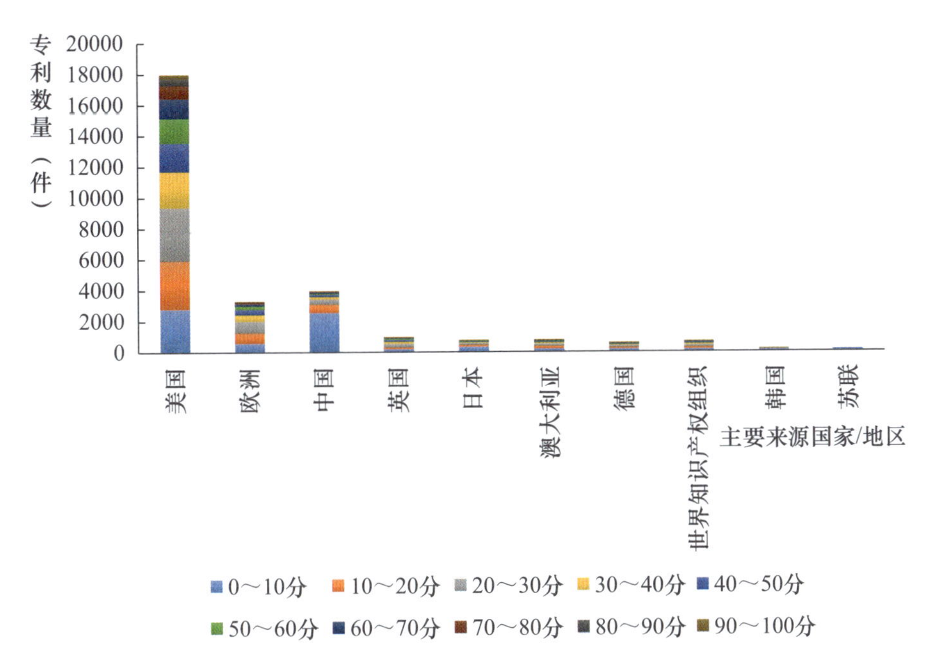

图 3.7　全球小麦分子育种主要国家 / 地区专利质量分布

3.3　全球专利技术和应用分析

3.3.1　全球专利技术分布

图 3.8 为全球小麦分子育种专利技术分析。全球小麦分子育种技术分类的专利共有 6230 项。转基因技术相关专利数量最多，共 4926 项，是最常用的重点育种技术；排名第二和第三的分别是载体

构建、分子标记辅助选择，相关专利数量分别为 1451 项、997 项；诱变育种、单倍体育种、基因编辑、细胞工程育种、基因挖掘技术、分子设计育种等技术专利数量相对较少。

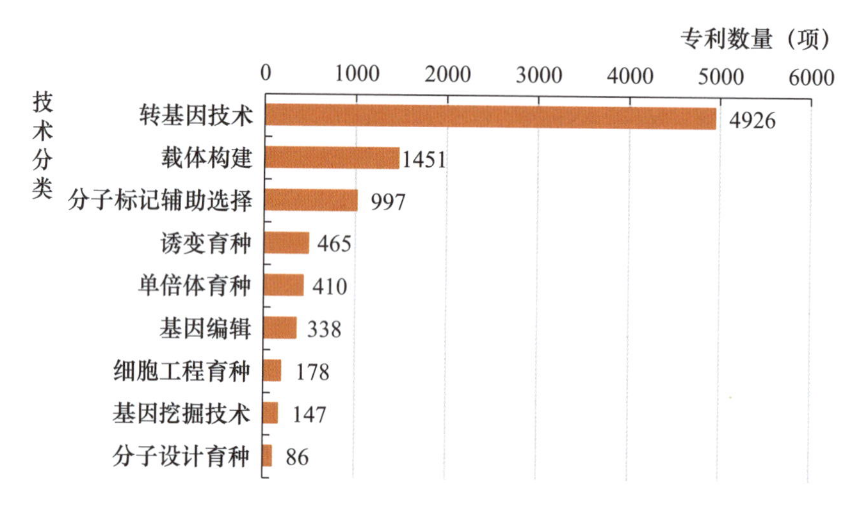

图 3.8　全球小麦分子育种专利技术分析

表 3.3 为全球小麦分子育种专利主要技术详细分析。在小麦分子育种领域，转基因技术是起源最早的技术，包括 RNA 干扰（RNA interference，RNAi）、农杆菌介导法、基因枪法、花粉管通道法、PEG 转化法、电极法；2018—2020 年的转基因技术专利数量占比为 8%，研发活跃度相对最低；主要的产业主体为杜邦公司、巴斯夫公司和孟山都公司。基因编辑在小麦分子育种领域的应用起源于 1989 年，2018—2020 年专利数量占比最高，为 36%，技术创新非常活跃；主要产业主体为杜邦公司、中国科学院遗传与发育生物学研究所和先正达公司。基因挖掘技术和分子设计育种在 2018—2020 年的专利数量占比也较高（分别为 29% 和 28%），与基因编辑同是值得关注的热门育种技术。小麦分子育种领域分子标记辅助选择相关专利产出于 1994 年，2018—2020 年专利数量占比为 24%，

可见至今仍为重点技术，主要产业主体有杜邦公司、巴斯夫公司和中国农业科学院作物科学研究所。

表 3.3　全球小麦分子育种专利主要技术详细分析

排名	技术分类	专利数量（项）	时间区间（年）	2018—2020 年专利数量占比	主要产业主体	主要国家 / 地区
1	转基因技术	4926	1912—2020	8%	杜邦公司 [801]；巴斯夫公司 [426]；孟山都公司 [409]	美国 [2843]；中国 [992]；欧洲 [367]
2	载体构建	1451	1984—2020	10%	杜邦公司 [201]；巴斯夫公司 [145]；先正达公司 [50]	美国 [738]；中国 [339]；欧洲 [128]
3	分子标记辅助选择	997	1994—2020	24%	杜邦公司 [98]；巴斯夫公司 [70]；中国农业科学院作物科学研究所 [70]	中国 [553]；美国 [281]；欧洲 [75]
4	诱变育种	465	1977—2020	9%	巴斯夫公司 [107]；杜邦公司 [38]；先正达公司 [27]	美国 [236]；欧洲 [79]；中国 [77]
5	单倍体育种	410	1975—2020	13%	杜邦公司 [136]；孟山都公司 [84]；陶氏化学 [13]	美国 [276]；中国 [98]；苏联 [8]
6	基因编辑	338	1989—2020	36%	杜邦公司 [57]；中国科学院遗传与发育生物学研究所 [28]；先正达公司 [20]	美国 [171]；中国 [98]；欧洲 [18]
7	细胞工程育种	178	1984—2020	9%	巴斯夫公司 [42]；先正达公司 [26]；英国石油公司北美分公司 [13]	美国 [79]；中国 [61]；欧洲 [12]
8	基因挖掘技术	147	1997—2020	29%	四川农业大学 [16]；杜邦公司 [13]；陶氏化学 [12]	中国 [74]；美国 [58]；欧洲 [6]
9	分子设计育种	86	1990—2020	28%	四川农业大学 [6]；孟山都公司 [6]；杜邦公司 [5]；中国农业科学院作物科学研究所 [5]	中国 [48]；美国 [27]；欧洲 [4]

图 3.9 和图 3.10 为 1974—2020 年小麦分子育种专利各技术分类专利数量年份趋势。从图 3.9 和图 3.10 中可以看出，单倍体育种是这一时期起源最早的技术分类，从 1975 年开始产出相关专利，但专利数量呈零星分布，自 1998 年之后每年均产出专利，2015—2018 年为专利数量的高峰。诱变育种也是起源比较早的技术，20 世纪 90 年代末期为发展的高峰阶段，此后专利数量略有下降，2003—2006 年、2015—2017 年专利数量出现回升。小麦分子育种转基因技术相关专利产出于 1981 年，20 世纪 80 年代，由于生物技术的兴起及其在作物育种上的广泛应用，开辟了小麦育种的新时代，最早的两项专利由国际植物研究所（International Plant Research Institute）和蒙大拿州立大学（Montana State University）申请，随着转基因技术的不断发展和完善，相关专利数量也呈稳步上升趋势，2013 年专利数量最多，为 285 项。载体构建、细胞工程育种、基因编辑、分子设计育种均起源于 20 世纪 80 年代。其中，随着 ZFN 技术的成熟及 CRISPR、CRISPR/Cas9 技术的出现，2012 年后，基因编辑专利数量增长较快，是作物分子育种领域具有广阔应用前景的技术；从技术角度看，基因编辑相比于转基因技术在小麦分子育种中更具有优势，其对作物自身基因组进行精确改造而无须插入外源基因片段，得到的产品与自然突变无异；从专利角度看，基因编辑相关专利更具有通用性、体系性，相比于基于特定基因或标志物的单点式的专利申请，此类专利有望形成有竞争力的专利族群[39]。分子标记辅助选择和分子设计育种均是发展较晚的技术。其中，分子标记辅助选择相关专利产出于 1994 年，专利数量总体呈现稳步上升趋势，2005 年第七届国际小麦学术研讨会上提出，分子标记辅助选择已成为小麦常规育种的重要组成部分[11]，2008 年经历一次小的专利产出高峰后专利数量出现下降，2015 年及之后年

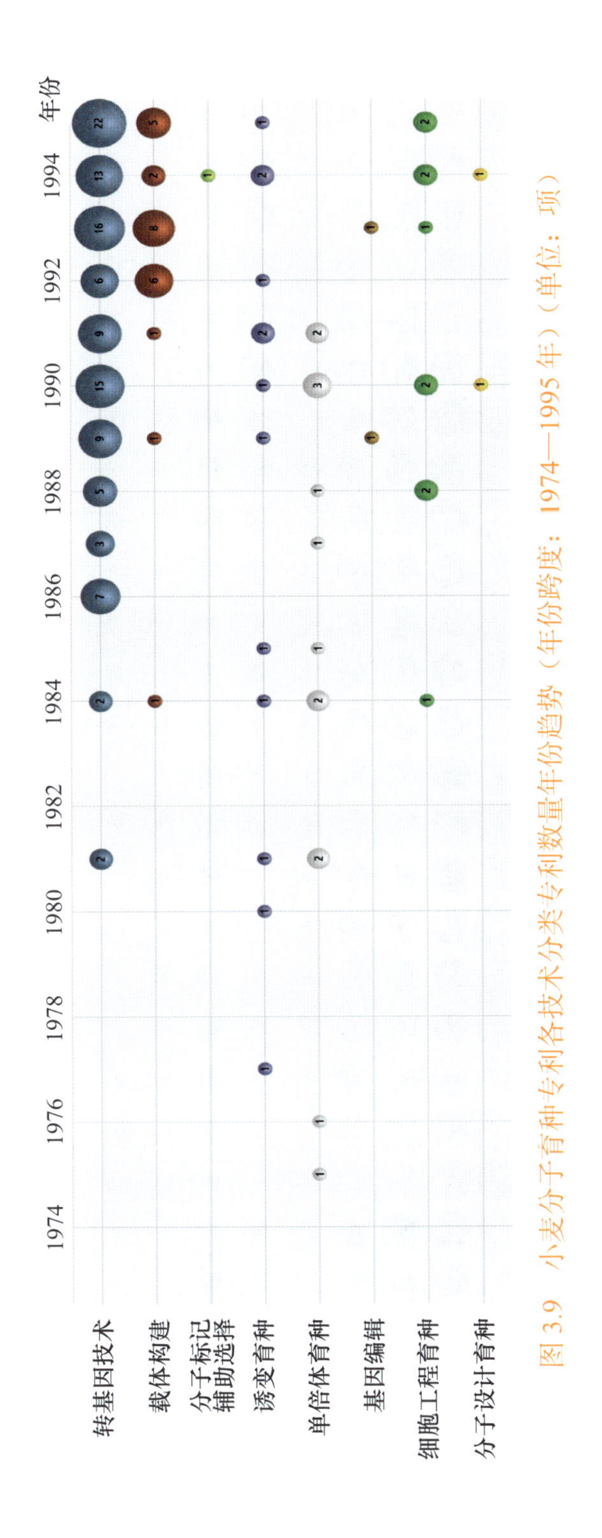

图 3.9　小麦分子育种专利各技术分类专利数量年份趋势（年份跨度：1974—1995 年）（单位：项）

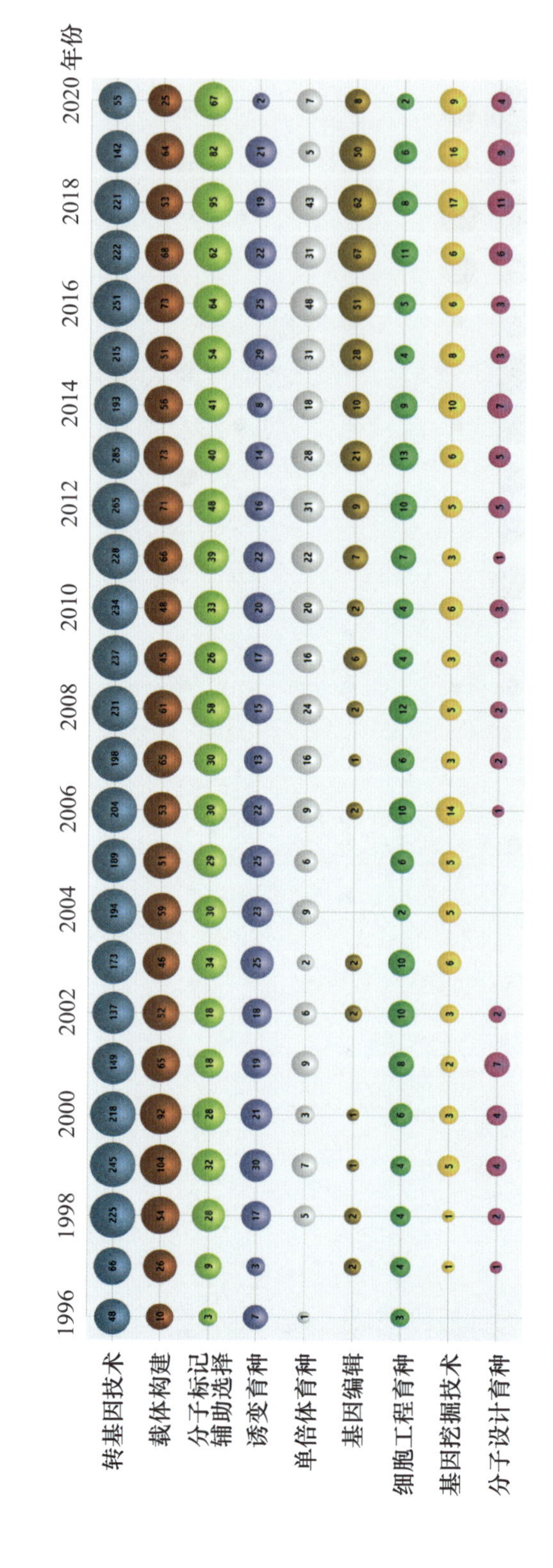

图 3.10 小麦分子育种专利各技术分类专利数量年份趋势（年份跨度：1996—2020 年）（单位：项）

份专利数量稳定在年均 50 项以上，2018 年专利数量最多，达到 95 项。基因挖掘技术相关专利产出于 1997 年，2018 年专利数量最多，达到 17 项。

3.3.2　全球专利应用分布

图 3.11 为全球小麦分子育种专利应用分析。全球小麦分子育种应用分类的专利共有 5102 项。优质高产相关专利数量最多，共 2502 项，是小麦育种中最主要的育种目标；排名第二至第五的分别是抗非生物逆境、抗病、抗虫、抗除草剂，相关专利数量分别为 1791 项、1627 项、1408 项、1188 项；营养高效相关专利数量最少。

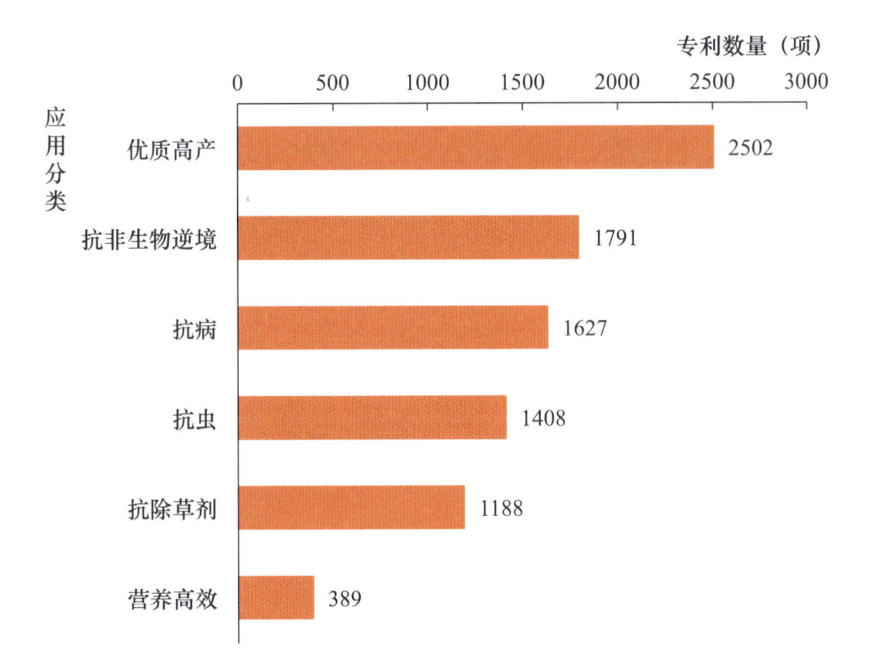

图 3.11　全球小麦分子育种专利应用分析

表 3.4 为全球小麦分子育种专利应用分布详细分析。在小麦分子育种领域，应用于抗虫、抗除草剂领域的小麦分子育种专利是起源最早的育种方向，最早的专利申请均出现在 1912 年；2018—

2020年的专利数量占比分别为8%、7%，研发活跃度相对较低。应用于抗病领域的小麦分子育种专利起源于1973年，2018—2020年的专利数量占比最高，为16%，技术创新比较活跃；主要产业主体为杜邦公司、孟山都公司和中国农业科学院作物科学研究所。应用于优质高产领域的小麦分子育种专利起源于1969年，2018—2020年的专利数量占比为12%，技术创新也比较活跃；主要产业主体为杜邦公司、巴斯夫公司和孟山都公司。抗病与优质高产同是值得关注的热门育种方向。应用于抗非生物逆境领域的小麦分子育种相关专利在2018—2020年的专利数量占比为10%，可见至今仍为重点育种方向。

图3.12和图3.13为1973—2020年小麦分子育种专利各应用分类专利数量年份趋势。从图3.12和图3.13中可以看出，优质高产、抗病是这一时期起源最早的应用分类，从1973年开始产出相关专利，整体呈现增长趋势，其中相关专利的发展高峰阶段分别为2016年（173项）、2018年（132项）。抗非生物逆境、抗除草剂、抗虫也是起源比较早的应用分类，相关专利的发展高峰阶段均为2013年（126项、96项、104项）。应用于营养高效领域的小麦分子育种专利起步较晚（1991年），分别在2007年、2009年、2012年出现了3次专利数量小高峰（33项），2013年专利数量最多，达到了39项。

表3.4　全球小麦分子育种专利应用分布详细分析

排名	应用分类	专利数量（项）	时间区间（年）	2018年—2020年专利数量占比	主要产业主体	主要国家/地区
1	优质高产	2502	1969—2020	12%	杜邦公司[342]；巴斯夫公司[237]；孟山都公司[200]	美国[1204]；中国[734]；欧洲[220]
2	抗非生物逆境	1791	1978—2020	10%	杜邦公司[321]；孟山都公司[241]；巴斯夫公司[114]	美国[1078]；中国[400]；欧洲[91]

（续表）

排名	应用分类	专利数量（项）	时间区间（年）	2018 年—2020 年专利数量占比	主要产业主体	主要国家 / 地区
3	抗病	1627	1973—2020	16%	杜邦公司 [250]；孟山都公司 [201]；中国农业科学院作物科学研究所 [64]	美国 [816]；中国 [583]；欧洲 [58]
4	抗虫	1408	1912—2020	8%	杜邦公司 [369]；孟山都公司 [259]；拜耳作物科学 [75]	美国 [1071]；中国 [171]；欧洲 [39]
5	抗除草剂	1188	1912—2020	7%	孟山都公司 [279]；杜邦公司 [257]；陶氏化学 [92]	美国 [965]；中国 [96]；欧洲 [35]
6	营养高效	389	1991—2020	7%	杜邦公司 [97]；孟山都公司 [71]；陶氏化学 [51]	美国 [296]；中国 [34]；欧洲 [33]

3.3.3 技术功效矩阵

图 3.14 是全球小麦分子育种技术功效矩阵，即针对全球小麦分子育种转基因技术、载体构建、分子标记辅助选择、诱变育种、单倍体育种、基因编辑、细胞工程育种、基因挖掘技术和分子设计育种 9 个技术分类，以及优质高产、抗病、抗虫、抗除草剂、抗非生物逆境和营养高效 6 个应用分类，构建功效矩阵。从图 3.14 中可以看出，9 个技术分类与 6 个应用分类基本都有交叉，除了营养高效，其他 5 个育种目标均采用了 9 种技术。其中，转基因技术是应用最为广泛的技术，在 6 个育种目标中均是被采用最多的技术；转基因技术主要应用于优质高产（1526 项*）、抗非生物逆境（1344 项）、抗虫（1110 项）等领域。载体构建主要应用于优质高产（361 项）、抗非生物逆境（341 项）、抗病（242 项）等领域；分子标记辅助选择育种主要应用于优质高产（310 项）、抗病（244 项）、

* 代表专利数量。

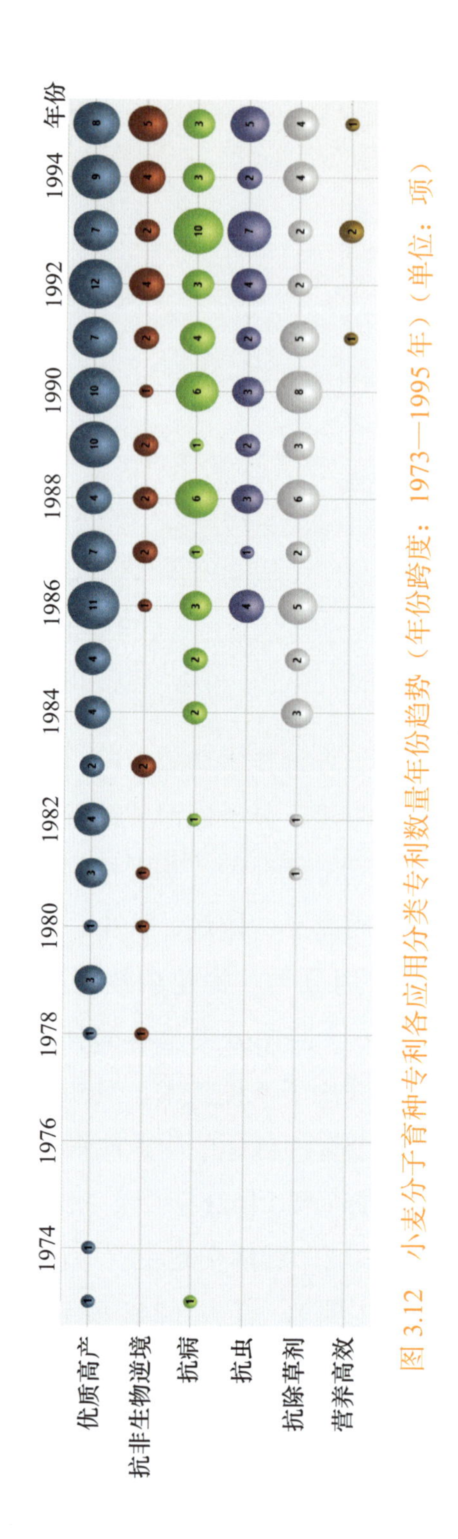

图 3.12 小麦分子育种专利各应用分类专利数量年份趋势（年份跨度：1973—1995年）（单位：项）

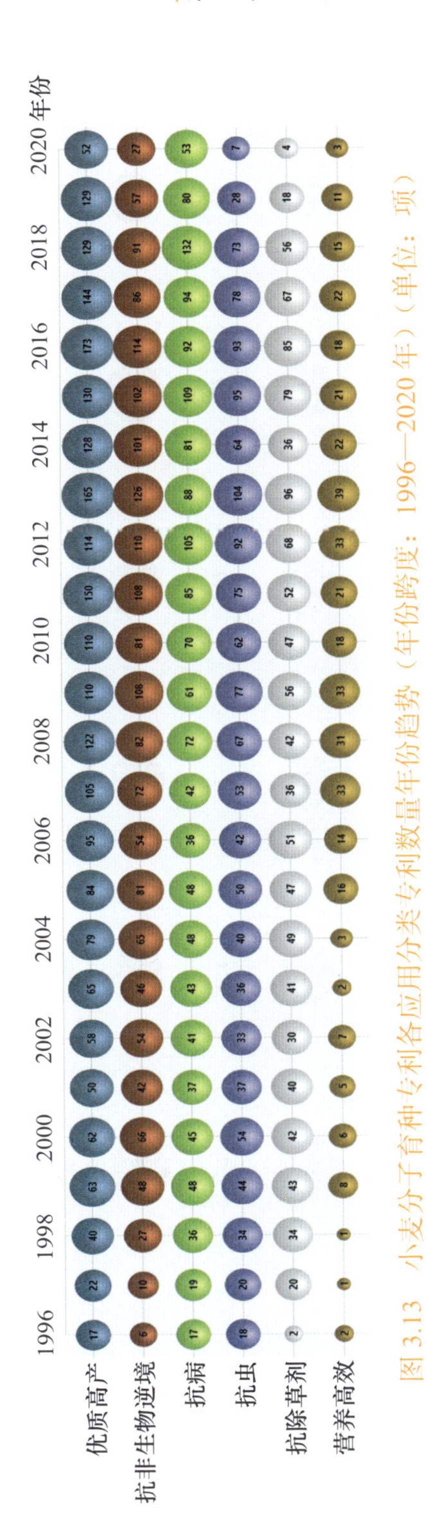

图 3.13　小麦分子育种专利各应用分类专利数量年份趋势（年份跨度：1996—2020 年）（单位：项）

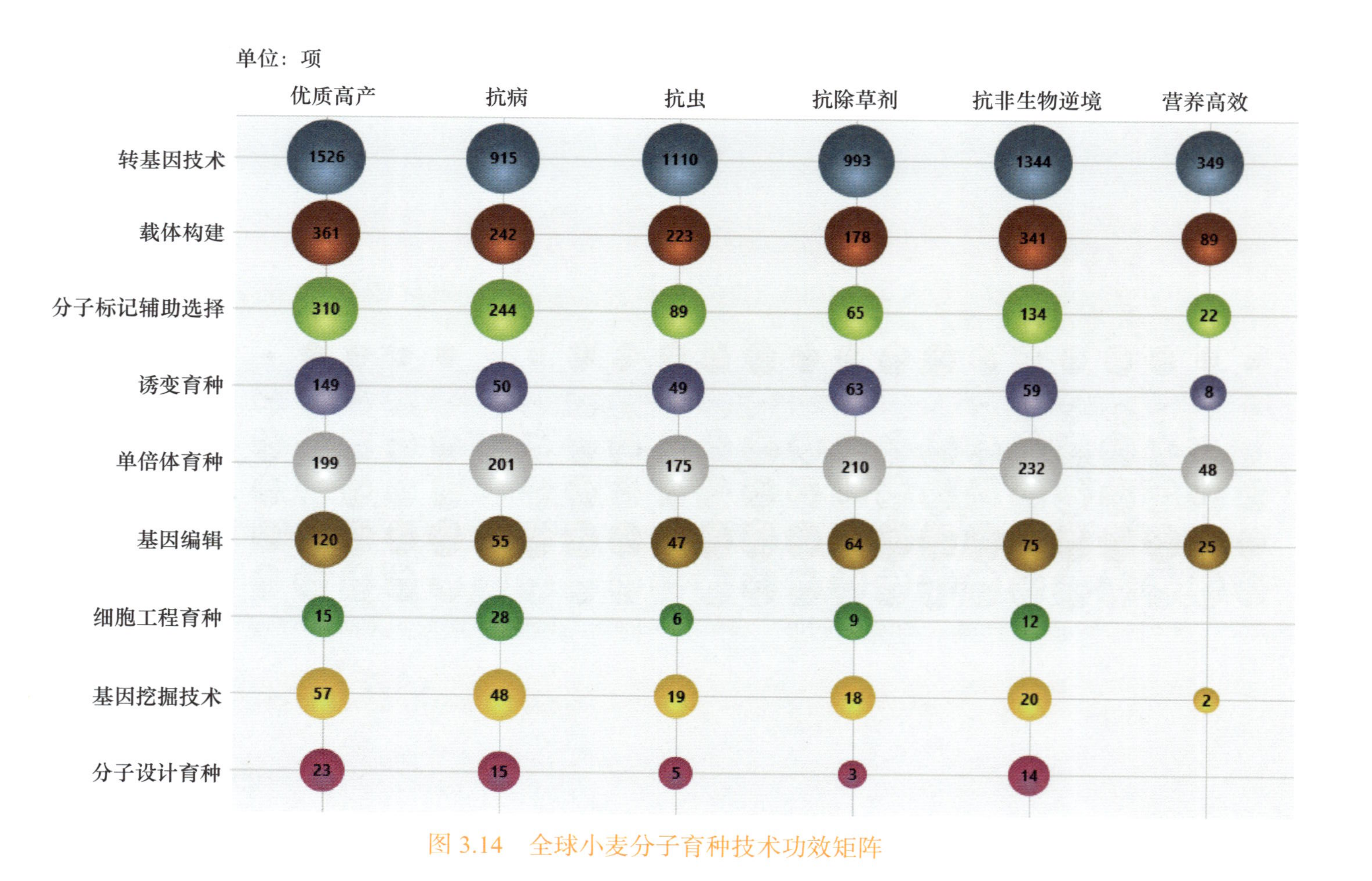

图 3.14 全球小麦分子育种技术功效矩阵

抗非生物逆境（134 项）等领域；诱变育种主要应用于优质高产（149 项）、抗除草剂（63 项）、抗非生物逆境（59 项）等领域；单倍体育种主要应用于抗非生物逆境（232 项）、抗除草剂（210 项）、抗病（201 项）等领域；基因编辑主要应用于优质高产（120 项）、抗非生物逆境（75 项）、抗除草剂（64 项）等领域。对于那些技术手段和功能效果交叉数量比较少的交叉点，则是目前专利申请的空白点，可尝试进行专利布局。

3.3.4　全球专利主题聚类

图 3.15 是全球小麦分子育种专利技术主题聚类。针对全球小麦分子育种转基因技术、载体构建等 9 个技术分类，基于各技术分类专利的标题、标题词、摘要，在 DI 数据库中利用 ThemeScape 专利地图功能自动进行技术聚类并生成专利地图。该主题聚类的算法会将相似的主题记录进行分组，根据主题文献密度大小形成体积不等的山峰，山峰高度代表文献记录的密度，山峰之间的距离代表圈中文献记录的关系，距离越近则内容越相似。

通过对全球小麦分子育种技术专利的文本挖掘和聚类，提取出各聚类的关键词，为科研人员和管理人员阐释该技术目前的研究热点和重点应用方向，发现在实时代谢通量分析（real-time metabolic flux analysis）、单粒种子（singulated seed）、害虫防治（pest control）、杂草（weed）、靶位点（target site）等领域有较为集中的研究。此外，驱动核酸序列的表达（drive expression of the nucleic acid sequence）、雄性不育（male sterile）、产量相关（yield-related）也是 3 个研究内容聚集点。

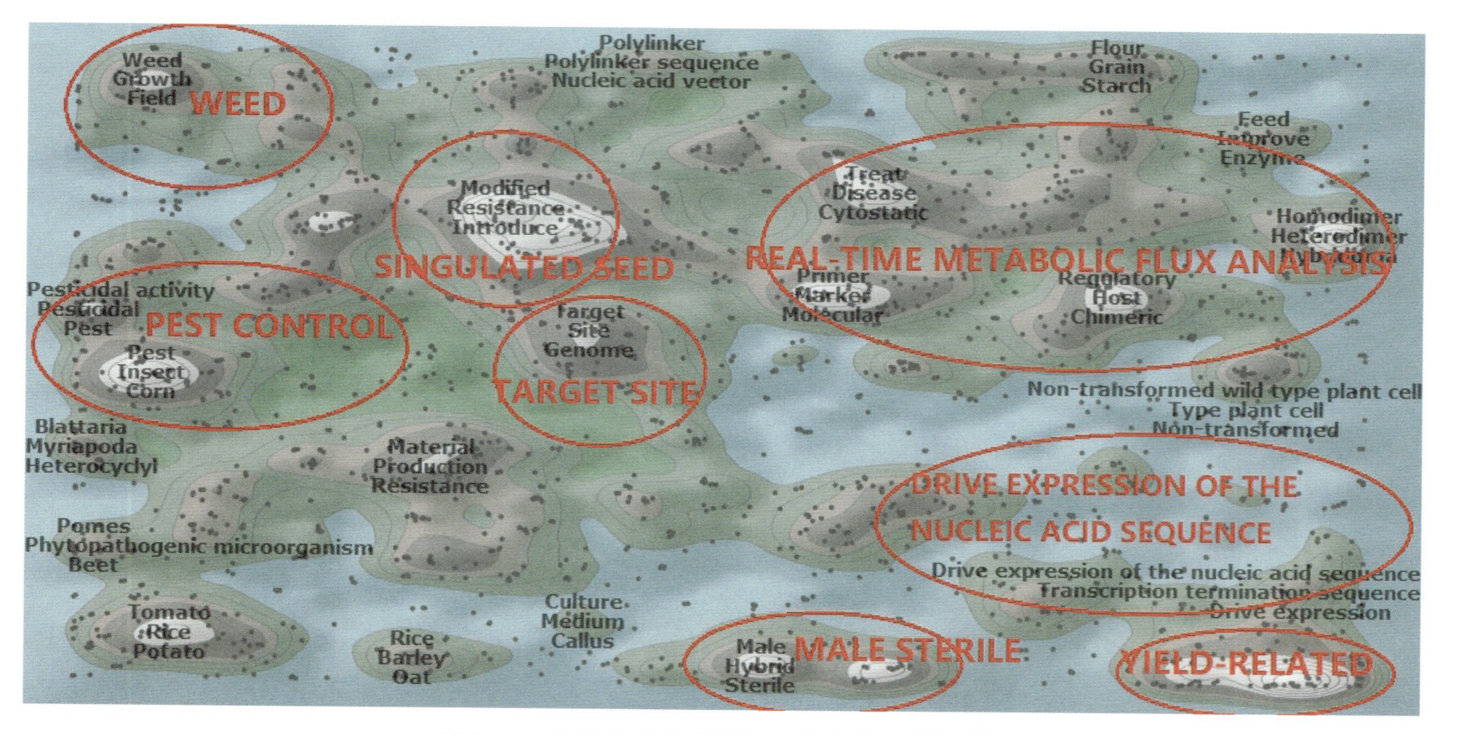

图 3.15 全球小麦分子育种专利技术主题聚类

3.4　主要产业主体分析

将全球小麦分子育种领域产业主体进行清洗并根据专利数量进行排序，从而遴选出该领域主要的产业主体，作为后续多维组合分析、评价的基础。

全球小麦分子育种领域主要产业主体分布如图 3.16 所示，专利数量 TOP10 产业主体为杜邦公司（969 项）、孟山都公司（476 项）、巴斯夫公司（467 项）、先正达公司（228 项）、中国农业科学院作物科学研究所（207 项）、拜耳作物科学（187 项）、中国科学院遗传与发育生物学研究所（160 项）、陶氏化学（151 项）、南京农业大学（104 项）、Ceres 公司（72 项）。由排序结果可知，全球小麦分子育种专利数量 TOP10 产业主体主要为欧美国家的大型企业，他们的专利数量之和为 2493 项，占全部专利数量的 32.95%；来自中国的产业主体有 3 家，均为科研院校。

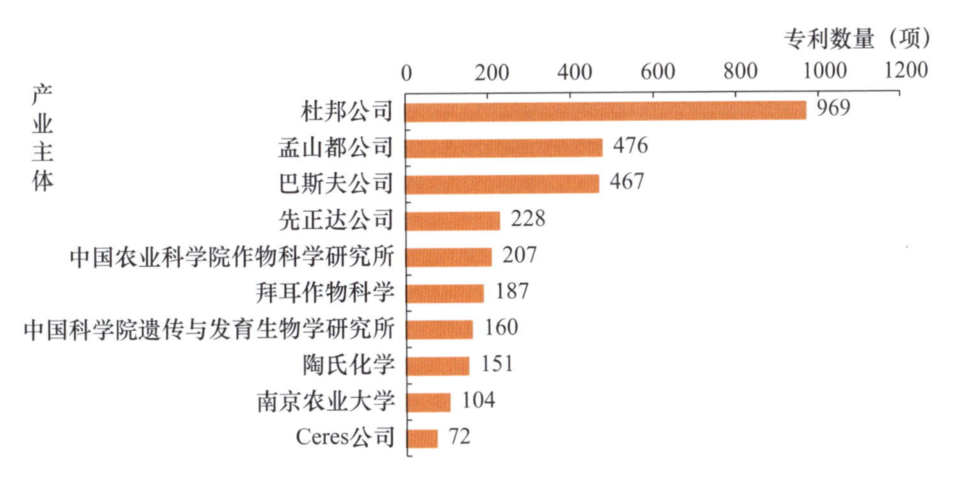

图 3.16　全球小麦分子育种领域主要产业主体分布

表3.5列出了全球小麦分子育种主要产业主体活跃度和主要技术分布。杜邦公司在小麦分子育种领域起步较早，相关专利申请始于1982年，截至2019年一直有专利产出，2018—2020年专利数量占比为4%，主要技术涉及转基因技术、载体构建和单倍体育种。孟山都公司专利数量为476项，专利产出始于1985年，转基因技术是其优势技术。巴斯夫公司专利产出始于1990年，2018—2020年专利数量占比为2%，创新活跃度不高。

3家中国产业主体在小麦分子育种领域研发起步较晚，中国农业科学院作物科学研究所、中国科学院遗传与发育生物学研究所和南京农业大学分别于1996年、2001年、2003年产出专利，但3家产业主体的创新活跃度较高，2018—2020年的专利数量占比分别为28%、27%、17%，可见我国产业主体的发展势头强劲。

表3.5　全球小麦分子育种主要产业主体活跃度和主要技术分布

排名	产业主体	专利数量（项）	时间区间（年）	2018—2020年专利数量占比	主要技术分布
1	杜邦公司	969	1982—2019	4%	转基因技术[801]； 载体构建[201]； 单倍体育种[136]
2	孟山都公司	476	1985—2019	4%	转基因技术[409]； 单倍体育种[84]； 载体构建[47]
3	巴斯夫公司	467	1990—2018	2%	转基因技术[426]； 载体构建[145]； 诱变育种[107]
4	先正达公司	228	1986—2019	8%	转基因技术[161]； 载体构建[50]； 诱变育种[27]

（续表）

排名	产业主体	专利数量（项）	时间区间（年）	2018—2020 年专利数量占比	主要技术分布
5	中国农业科学院作物科学研究所	207	1996—2020	28%	转基因技术 [94]；分子标记辅助选择 [70]；载体构建 [9]
6	拜耳作物科学	187	1990—2019	1%	转基因技术 [156]；载体构建 [16]；分子标记辅助选择 [13]
7	中国科学院遗传与发育生物学研究所	160	2001—2020	27%	转基因技术 [115]；分子标记辅助选择 [28]；基因编辑 [28]
8	陶氏化学	151	1995—2017	0	转基因技术 [137]；载体构建 [30]；单倍体育种 [13]
9	南京农业大学	104	2003—2020	17%	分子标记辅助选择 [33]；转基因技术 [24]；载体构建 [15]
10	Ceres 公司	72	1999—2016	0	转基因技术 [65]；载体构建 [22]；基因编辑 [2]

3.4.1　主要产业主体的专利数量年份趋势

图 3.17 和图 3.18 列出了全球小麦分子育种 TOP10 产业主体专利数量年份趋势，从中可以看出各产业主体的起步时间和发展趋势。

杜邦公司是申请相关专利最早的机构之一，1982 年产出一项专利，为 US4406086A “Method of producing wheat has specified genera crossed to increase yield”。随后在 1983—1997 年，专利申请间断且专利数量都较少，1998 年起专利数量增长迅速且达到了专利数量的高峰，为 101 项。此后专利数量略有下降，2008 年后的年度专利数量较稳定，且专利数量高于其他产业主体。

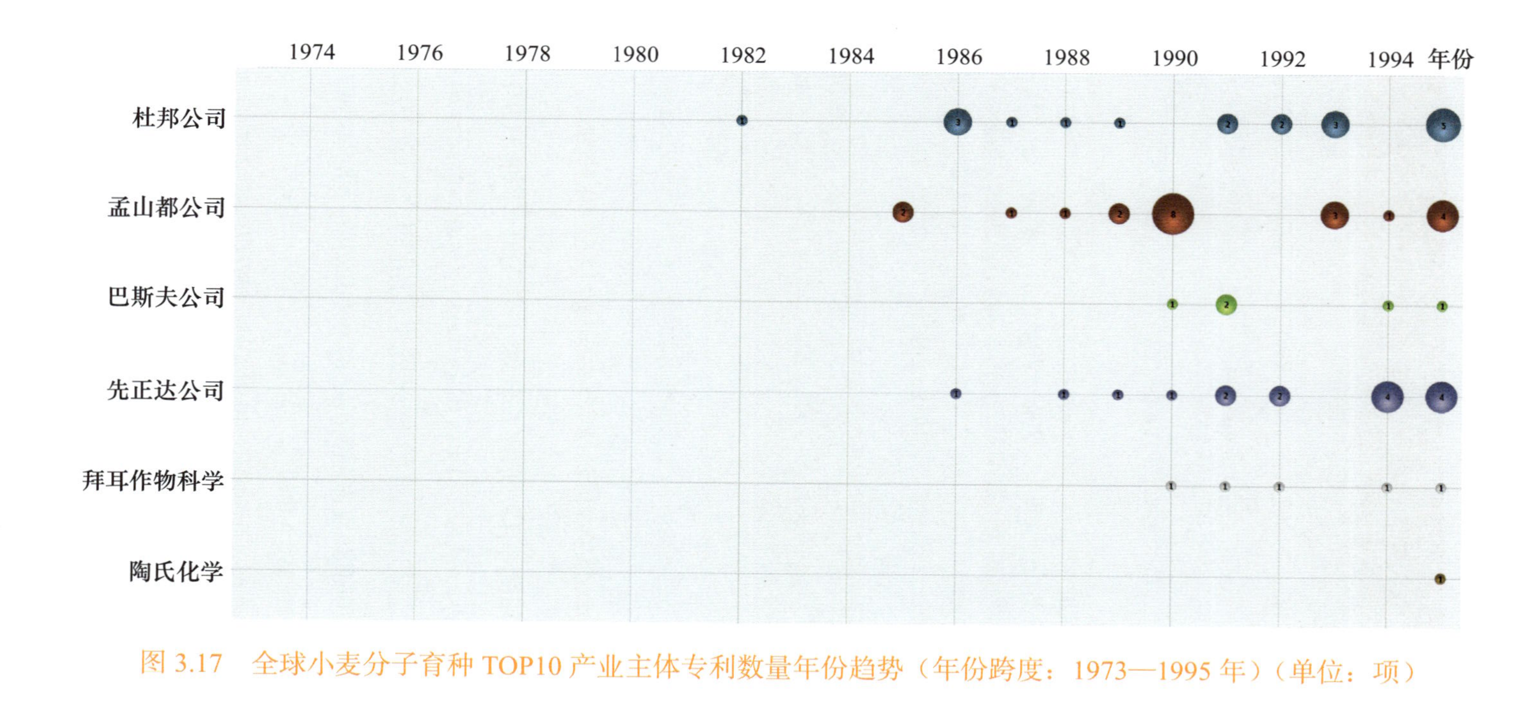

图 3.17 全球小麦分子育种 TOP10 产业主体专利数量年份趋势（年份跨度：1973—1995 年）（单位：项）

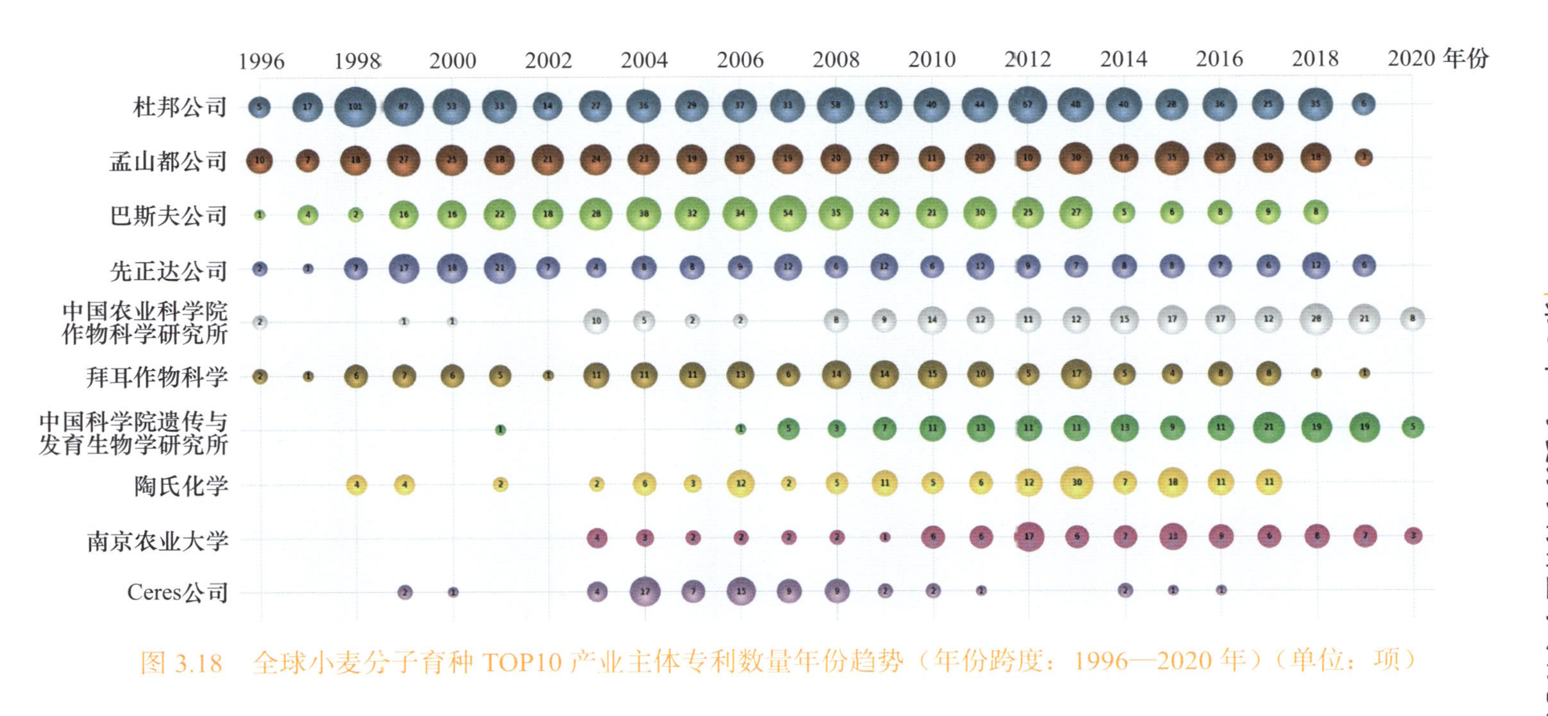

图 3.18　全球小麦分子育种 TOP10 产业主体专利数量年份趋势（年份跨度：1996—2020 年）（单位：项）

孟山都公司产出与小麦育种相关的专利也较早，1985 年产出了两项专利，分别为 EP218571A“Glyphosate-resistant plants - prepd. by inserting gene encoding 5-enol pyruvyl shikimate-3-phosphate synthase polypeptide”和 US5188642A“Selective weed control - by transforming crops with chimeric gene contg. 5-enolpyruvylshikimate -3-phosphate synthase gene, conferring glyphosate resistance”。这些都是孟山都公司早期掌握的 EPSPS 基因的核心专利，且同族专利较多，专利保护的范围更广[53]。1986—1996 年，孟山都公司专利申请间断且专利数量均较少；孟山都公司从 1997 年开始研发一种除草剂的转基因小麦[54]，此后专利数量增加；2004 年 5 月 10 日，孟山都公司正式宣布无限期推迟其转基因小麦的研究开发和商业化工作，此后年份专利数量减少；2013 年，孟山都公司决定重启“转基因小麦”试验[55]，并于 2015 年达到了专利数量的高峰，为 35 项。

巴斯夫公司于 1990 年产出一项专利，为 AU19903584A“Growth control of plants e.g. wheat by manipulating cell cycle protein level and/or catalytic activity, for disease resistance and high yield”，转基因技术、载体构建和诱变育种为其研发重点。1991—1998 年，巴斯夫公司专利申请有间断且数量均较少，1999 年之后专利数量呈增长趋势，并于 2007 年达到专利数量的高峰（54 项），随后年份专利数量逐年减少，尤其是 2014 年之后，年度专利数量已不足 10 项。

先正达公司于 1986 年产出一项专利，为 GB198626287A“Inhibition of prodn. of gene prods. in plant cells esp. useful to control fruit ripening in tomatoes”，1988—1997 年专利数量呈零星分布，从 1998 年开始，专利数量出现增长趋势，并于 1999—2001 年达到专利数量的高峰（17 项、18 项、21 项），之后专利数量开始出现下降，年度专利数量在 6 ～ 12 项。

拜耳作物科学、陶氏化学和 Ceres 公司也是该领域投入研发较早的产业主体；拜耳作物科学和陶氏化学专利数量的高峰均出现在2013 年，分别为 17 项、30 项；Ceres 公司两次专利数量的高峰分别出现在 2004 年（17 项）、2006 年（15 项），随后专利数量逐年降低；陶氏化学和 Ceres 公司的专利数量呈下降趋势。

中国农业科学院作物科学研究所、中国科学院遗传与发育生物学研究所和南京农业大学相对其他欧美产业主体有关小麦分子育种专利产出时间较晚。1996 年，中国农业科学院作物科学研究所产出两项专利，分别为 CN1185275A "Breeding of wheat seeds resisting wheat chlorisis" 和 CN1185274A "Selective breeding of wheat seeds resisting wheat chlorisis"，利用分子标记辅助选择技术培育抗黄萎病小麦。2001 年，中国科学院遗传与发育生物学研究所产出第一项专利，为 CN1428351A "Wheat *1BX14* gene, its coded protein and its promoter"，涉及小麦 *1BX14* 基因及其编码蛋白及其启动子。总体而言，中国农业科学院作物科学研究所和中国科学院遗传与发育生物学研究所专利数量呈上升趋势。2003 年，南京农业大学产出 4 项专利，分别为 CN1462806-A "Main effective genetic sites and molecule markers of wheat 'Nanda 2419' for anti-intrusion and infection by gibberellic disease"，CN1462807A "Main effective genetic sites and molecular markers of wheat 'Nanda 2419' for preventing spread of gibberellic disease"，CN1462808A "Main effective genetic sites and molecule markers of wheat 'Wangshuibai' for anti intrusion and infection by gibberellic disease"，CN1462809A "Main effective genetic sites and molecule markers of wheat 'Wangshuibai' for anti spread of gibberellic disease"，利用分子标记辅助选择技术培育抗病小麦，涉及小麦"南大 2419"和"望水白"抗赤霉病入侵、侵染和传播的主要有效遗传位点和分子标记。南京农业大学两次专利数量高峰分别出现在 2012 年（17 项）、2015 年（13 项），随后专利数量呈下降趋势。

3.4.2 主要产业主体的专利布局

图 3.19 为全球小麦分子育种主要产业主体的专利布局。图中横坐标轴为各产业主体在各国家 / 地区的专利数量（件），纵坐标轴为主要产业主体。

从图 3.19 中可以看出，除 Ceres 公司外，杜邦公司、孟山都公司、巴斯夫公司、先正达公司、拜耳作物科学等跨国公司的专利布局非常广泛，除在美国申请大量专利外，也在世界知识产权组织、欧洲、亚洲国家、澳大利亚、加拿大和南美等国家 / 地区申请相关专利，以求构建完善的技术壁垒，充分占领国际市场，反映出这几家大型公司有着完善的市场布局战略。Ceres 公司有 49.16% 的专利在美国本地申请，其次是在世界知识产权组织申请了 21.63% 的专利，仅在欧洲、中国、巴西、加拿大、澳大利亚、印度、墨西哥等国家 / 地区申请了少量专利，可见其主要发展方向就是在本国进行技术布局，抢占美国市场。

中国科学院遗传与发育生物学研究所的专利布局相对完善，除在中国申请大量专利外，也在世界知识产权组织、美国、加拿大、欧洲、澳大利亚、亚洲国家和南美等国家 / 地区申请相关专利。中国农业科学院作物科学研究所和南京农业大学绝大部分的专利都是在中国申请的，二者还在世界知识产权组织、欧洲、美国、澳大利亚、加拿大、印度、巴西申请了少量专利，南京农业大学还在墨西哥、阿根廷、菲律宾、印度尼西亚等国家申请了少量专利。但相对而言，我国产业主体在其他国家申请的专利数量很少，专利海外布局还不够完善。表明我国小麦分子育种领域的产业主体要提高专利海外布局、技术保护的意识，尝试逐步开拓海外市场，探寻农业“走出去”的道路。

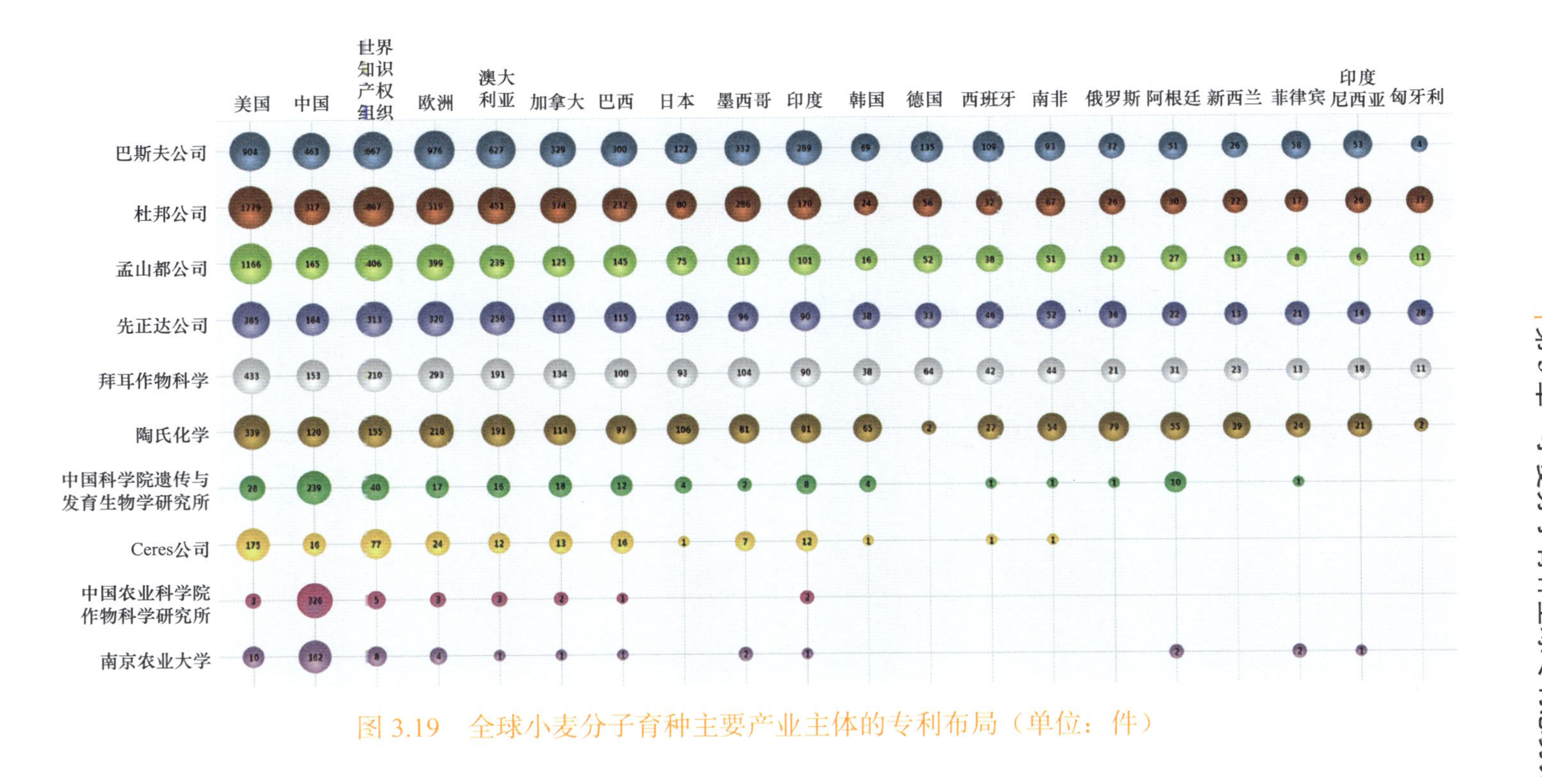

图 3.19 全球小麦分子育种主要产业主体的专利布局（单位：件）

3.4.3　主要产业主体的专利技术分析

主要产业主体的专利技术分析是对主要产业主体所投资的技术领域进行对比分析，深入了解各产业主体的专利布局情况、透析各产业主体的技术核心。图 3.20 为全球小麦分子育种专利 TOP5 产业主体技术分布，从图中可以看出 TOP5 产业主体在 9 个技术方向均有布局，还可以详细看出各产业主体的技术分布、不同的技术侧重点及特长。

为了进一步分析各产业主体的技术发展策略，图 3.21 列出了全球小麦分子育种专利 TOP5 产业主体技术年份趋势。

杜邦公司的技术布局较广泛，转基因技术、载体构建、单倍体育种、分子标记辅助选择、基因编辑的专利数量均较多。具体而言，转基因技术起步最早（1987 年），且一直是该企业在小麦分子育种领域的重点技术；1998—1999 年发展迅速，相关专利数量迅速上升，专利数量高峰出现在 1998 年，为 95 项；2008 年、2012 年再次出现专利数量小高峰，分别为 49 项、58 项。载体构建起源于 1992 年，1999—2000 年发展迅速，随后专利数量出现下降。单倍体育种、基因编辑、诱变育种、分子设计育种 4 个技术方向起步最晚（1998 年），其中单倍体育种在 2011 年以后、基因编辑在 2016 年以后发展较快，诱变育种专利数量高峰出现在 1999 年。分子标记辅助选择起步于 1996 年，专利数量高峰出现在 1999 年，为 18 项。基因挖掘技术和细胞工程育种起源于 1997 年，仅有零星专利产出。

孟山都公司的转基因技术起步于 1982 年，虽然历经暂停转基因小麦的研究开发和商业化工作，但该技术仍然是该企业在小麦分子育种领域的重点技术；1998—1999 年专利数量出现上升，随后

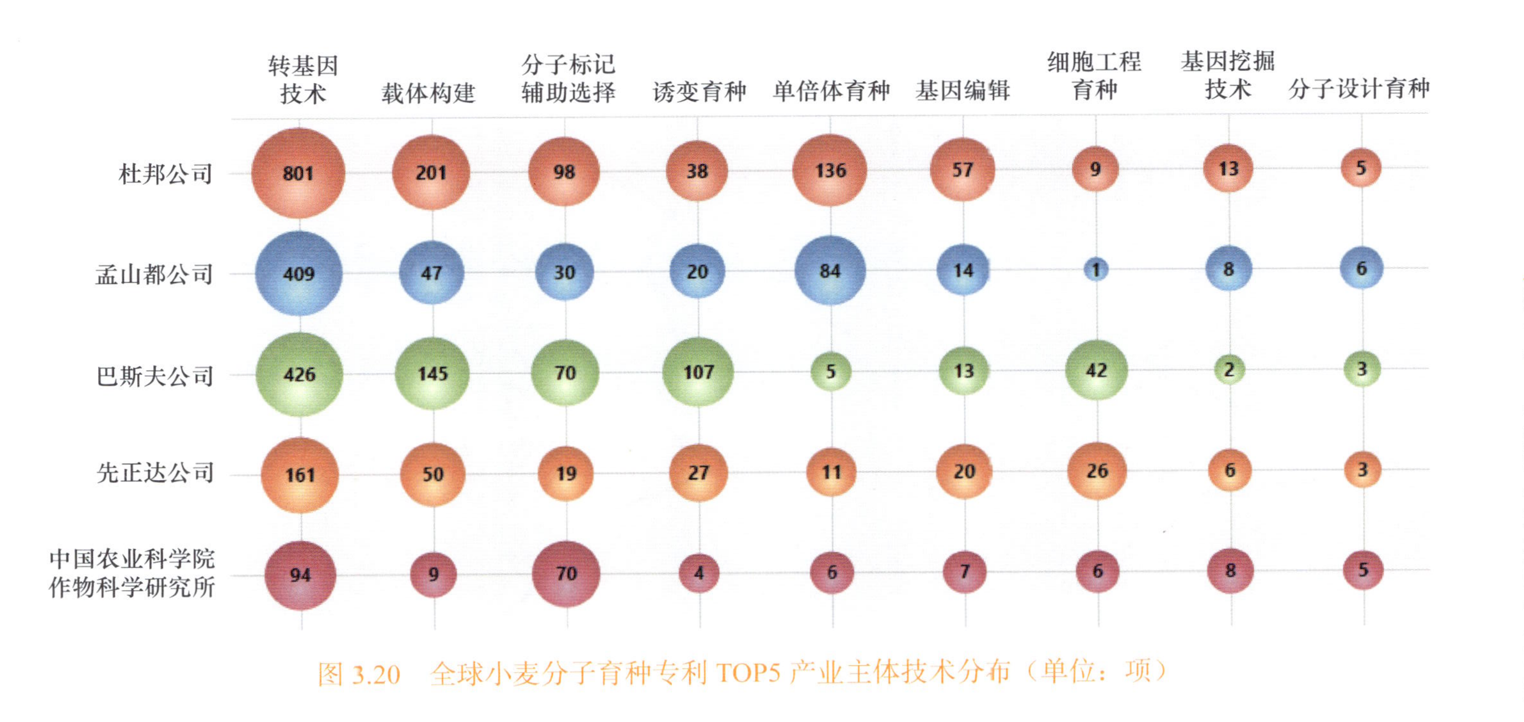

图 3.20　全球小麦分子育种专利 TOP5 产业主体技术分布（单位：项）

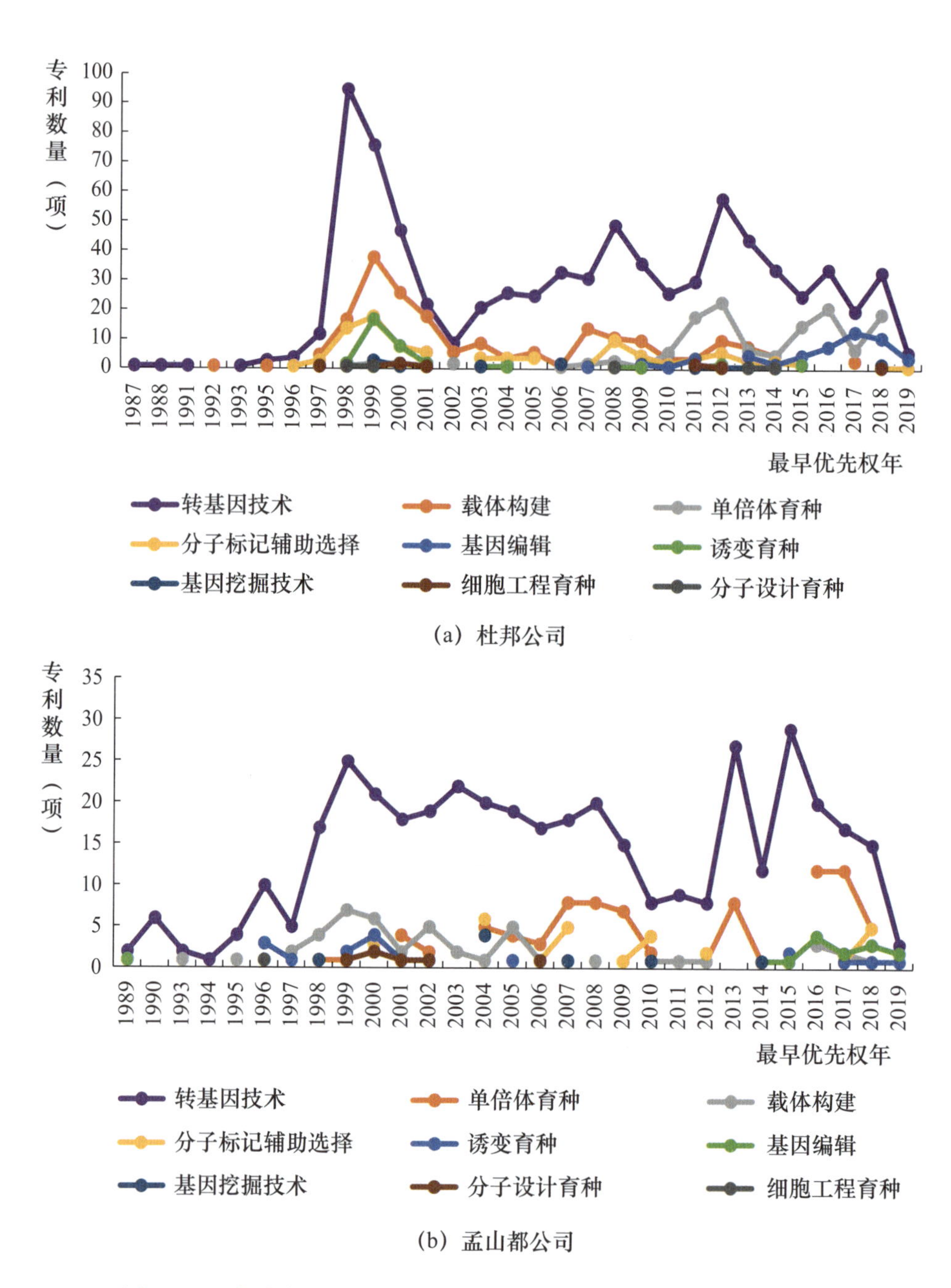

(a) 杜邦公司

(b) 孟山都公司

图 3.21 全球小麦分子育种专利 TOP5 产业主体技术年份趋势

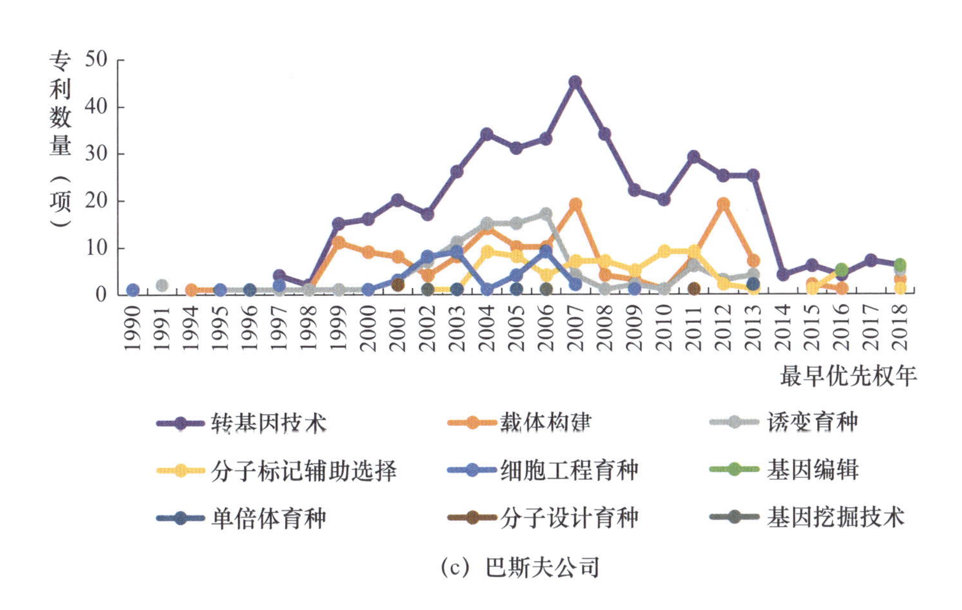

（c）巴斯夫公司

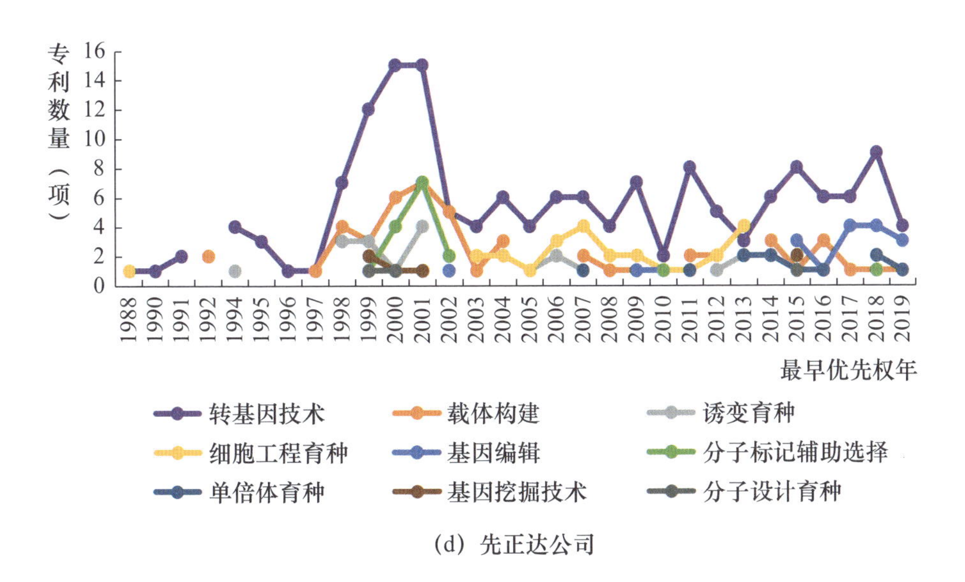

（d）先正达公司

图 3.21　全球小麦分子育种专利 TOP5 产业主体技术年份趋势（续）

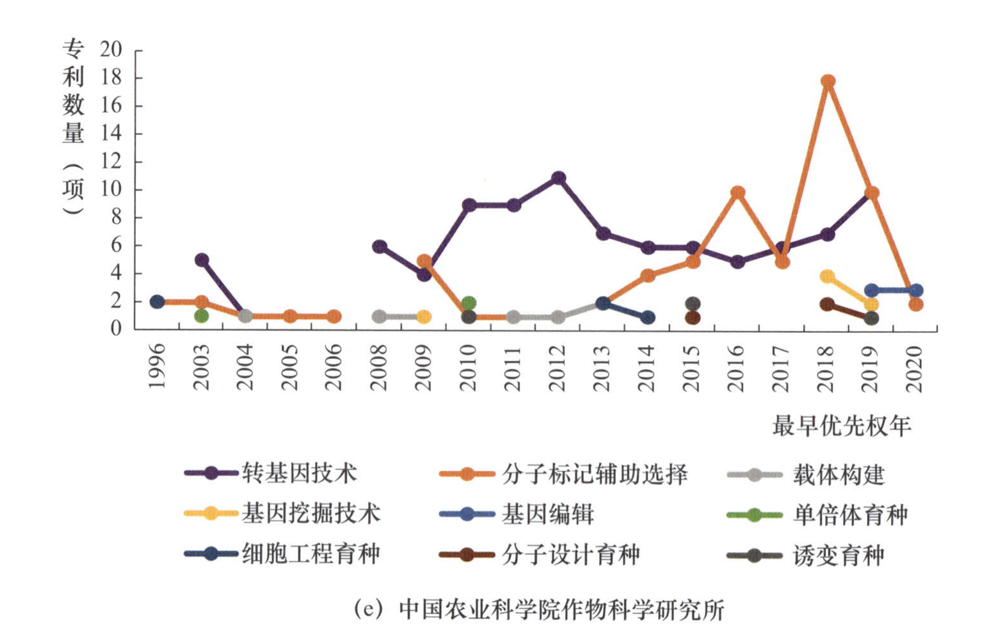

(e) 中国农业科学院作物科学研究所

图 3.21 全球小麦分子育种专利 TOP5 产业主体技术年份趋势（续）

发展较平稳，2010 年后出现下降，2013 年之后再次上升，到 2015 年达到转基因技术的专利数量高峰（29 项），随后再次出现下降。孟山都公司的另一个重点技术单倍体育种起步于 1998 年，2007—2008 年、2013 年均出现专利数量上升，2016—2017 年出现专利数量的高峰。

巴斯夫公司的转基因技术起源于 1990 年，1999 年之后转基因技术逐渐成为该企业在小麦分子育种领域的重点技术，专利数量增长较快，但 2016 年之后诱变育种、分子标记辅助选择和基因编辑的专利数量开始逼近转基因技术的专利数量。

先正达公司各项技术产出时间差异较大，最早的是转基因技术和细胞工程育种（1988 年），最晚的是单倍体育种（2007 年）。1998 年之后，转基因逐渐成为该企业在小麦分子育种领域的重点技术，2000—2001 年出现专利数量高峰，为 15 项，随后专利数量出现下降；2002 年及之后，载体构建、诱变育种、细胞工程育种和基因编辑的专利数量与转基因技术的专利数量差距变小。

中国农业科学院作物科学研究所主要利用转基因技术和分子标记辅助选择进行小麦育种，该机构利用分子标记辅助选择进行小麦育种的时间比较早（1996 年），转基因技术的起步时间为 2003 年。2010—2015 年，转基因技术占有优势；随后分子标记辅助选择的专利数量开始超过转基因技术，并于 2018 年达到专利数量的高峰（18 项）。

3.5　专利新兴技术预测

3.5.1　方法论

佐治亚理工大学 Alan Porter 教授和他的研究团队一直致力于技术预见领域的研究，历经 10 余年开发的 Emergence Indicators 算法可以较好地呈现某一项技术领域的新兴研究方向及人员、机构、国家 / 地区的参与情况。该算法通过文献计量手段对标题和摘要的主题词进行分析和挖掘，从新颖性（novelty）、持久性（persistence）、成长性（growth）、研究群体参与度（community）4 个维度对每个主题词进行创新性得分计算，创新性得分越高代表某技术主题新兴性越高，成熟技术的得分相对较低。该指标可以很好地帮助科研人员和决策人员了解新兴研究方向在技术生命周期中所处的位置，以便在新兴技术达到拐点或者成熟期前就可以识别出来，进行研发布局和战略选择。通过 Emergence Indicators 对国家 / 地区、产业主体进行创新性打分，可以从一定程度遴选出在新兴技术领域拥有高创新性的国家 / 地区和产业主体。

3.5.2 新兴主题遴选

全球小麦分子育种领域涉及技术分类专利共6230项，将这部分专利作为新兴主题遴选的基础数据；将上述专利经过DWPI自然语言处理后得到24130个主题词组；经Emergence Indicators算法计算后，遴选出225个主题词，在排除没有意义的虚词之后，选定了44个可以反映小麦分子育种领域新兴主题趋势的主题词。表3.6展示了全球小麦分子育种领域新兴主题词。从表3.6中可看出，小麦分子育种技术领域的新兴技术点集中在PCR扩增（performing PCR amplification）、小麦品种（wheat varieties）、小麦基因组（wheat genome）、生物材料（biological material）、小麦育种（breeding wheat）、荧光信号（fluorescent signal）、分子量（molecular weight）、千粒重（thousand-grain weight）等。

表3.6 全球小麦分子育种领域新兴主题词

专利数量（项）	主题词（英文）	创新性得分（分）
86	performing PCR amplification	23.562
101	wheat varieties	23.001
63	wheat genome	20.929
42	biological material	11.065
69	breeding wheat	9.463
18	fluorescent signal	8.359
56	molecular weight	8.287
15	thousand-grain weight	8.163
26	transgenic plant cell line	7.915
54	Sequence Listing	7.627
61	denaturation	7.529
13	plant sample	7.382

（续表）

专利数量（项）	主题词（英文）	创新性得分（分）
17	growth period	7.235
15	auxiliary identification	7.187
58	primer set	7.098
10	wheat ears	7.088
28	single-stranded DNA	6.937
79	storing	6.916
14	wheat stripe rust resistance	5.451
15	wheat chromosome	5.432
40	cDNA molecule	5.239
33	recombinant bacterium	5.047
20	high accuracy	5.018
31	molecular breeding	4.713
17	transgenic plant organ	4.702
98	polymorphism	4.607
11	SNP marker	4.495
24	plant diseases	4.41
9	genetic resources	4.363
8	molecular marker assisted selection breeding	4.22
16	SNP site	4.016
8	plant spacing	3.981
22	powdery mildew resistance	3.891
7	plant growth environment	3.85
8	Agrobacterium -mediated method	3.842
16	spikelet number	3.686
26	high-throughput	3.669
18	glyphosate-N-acetyltransferase	3.66
8	KASP molecular marker	3.411
21	Fusarium oxysporum	3.271

（续表）

专利数量（项）	主题词（英文）	创新性得分（分）
15	improving disease resistance	2.865
40	biological activity	2.83
10	wheat yield	2.036
9	improving plant stress resistance	1.8

3.5.3 新兴主题来源国家 / 地区分布

全球小麦分子育种技术领域遴选出的 44 个新兴主题分布于 7 个国家 / 地区，全球小麦分子育种领域新兴主题来源国家 / 地区如图 3.22 所示，可以看出，中国是小麦分子育种技术领域拥有新兴主题专利数量最多且创新性最高的国家，其专利数量为 636 项，创新性得分为 180.4 分；美国排名第二，专利数量为 188 项，创新性得分为 33.1 分；日本排名第三，专利数量为 20 项，创新性得分为 14.7 分。

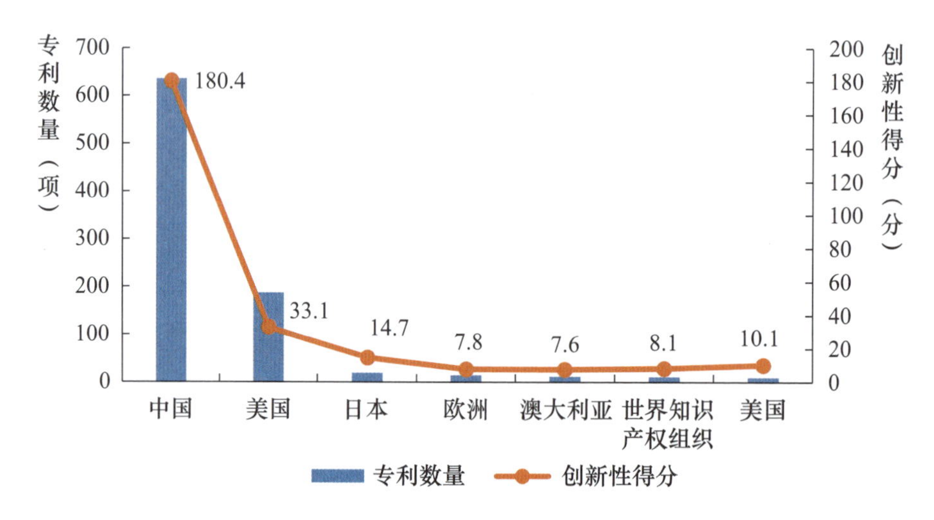

图 3.22 全球小麦分子育种领域新兴主题来源国家 / 地区

3.5.4　新兴主题主要产业主体分析

图 3.23 展示了全球小麦分子育种领域新兴主题主要产业主体，可以看出，中国农业科学院作物科学研究所相关专利数量最多，为 116 项，创新性得分为 96.2 分，二者排名均为第一。中国科学院遗传与发育生物学研究所专利数量为 55 项（排名第二），创新性得分 65 分（排名第三）。四川农业大学专利数量为 29 项，排名第六，但创新性得分为 75.5 分，排名第二。相较于国内产业主体，杜邦公司、Ceres 公司、孟山都公司的创新性得分均较低。

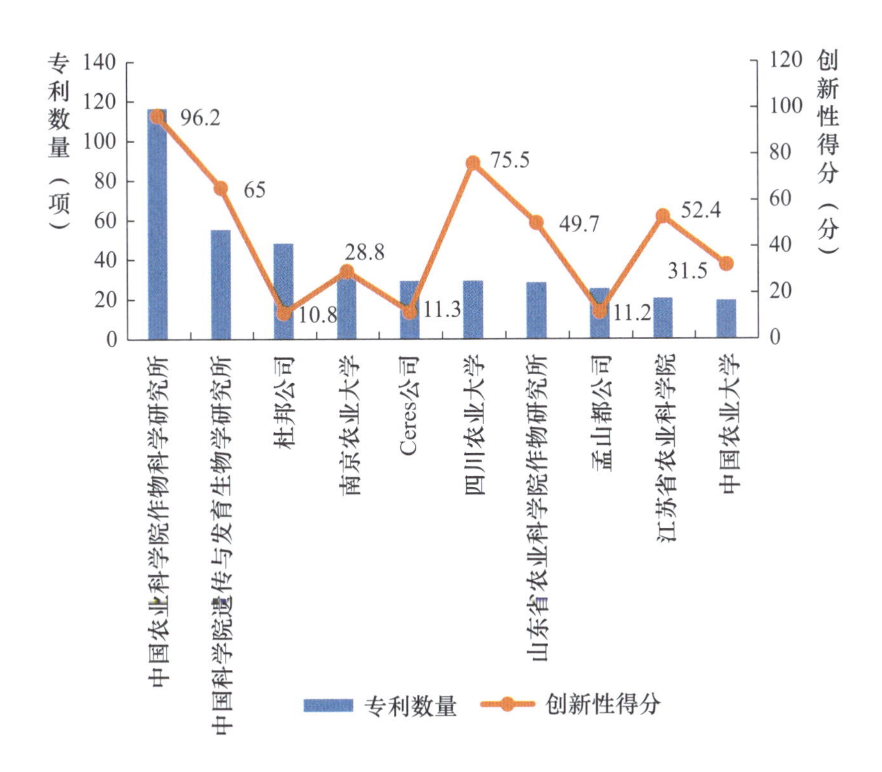

图 3.23　全球小麦分子育种领域新兴主题主要产业主体

第 4 章 小麦分子育种全球主要产业主体竞争力分析

本章对比 2011—2020 年全球小麦分子育种专利主要产业主体在专利数量、技术布局、专利运营等方面的情况，对各产业主体在该领域的研发实力进行量化分析，从中找出中国产业主体与世界领先机构在小麦分子育种技术整体发展上可能存在的差异和距离，从而对我国产业主体在该领域的知识产权布局与发展定位做出提示。

4.1 主要产业主体专利数量及趋势对比分析

如图 4.1 所示，2011—2020 年，全球小麦分子育种领域的主要产业主体包括杜邦公司（327 项）、孟山都公司（176 项）、中国农业科学院作物科学研究所（153 项）、中国科学院遗传与发育生物学研究所（132 项）、巴斯夫公司（118 项）等。从产业主体的性质来看，该领域在海外的产业主体均为大型跨国公司，这些产业主体均拥有长期的研发历程和较强的技术实力。我国的主要产业主体主要为科研机构和高校，其中仅有北京大北农科技集团股份有限公司一家企业，这提示了我国企业在小麦分子育种领域的创新竞争力尚不足，科研机构与企业联合发展具有广阔前景。

图 4.2 为 2011—2020 年全球小麦分子育种领域主要产业主体专利数量年份趋势。杜邦公司专利高峰年为 2012 年，产出专利 67

项，此后专利数量略减少。孟山都公司在2015年产出专利35项，此后专利数量也呈现下降趋势。作为我国实力强劲的科研机构，中国农业科学院作物科学研究所和中国科学院遗传与发育生物学研究所在2011—2020年针对小麦分子育种工作投入了较多精力，专利数量整体呈现增长趋势，跻身全球前五名，在全球范围内具有较强的竞争力。陶氏化学和巴斯夫公司在2014年以前专利数量较多，分别于2017年、2018年后未产出相关专利，可推测其正处于研发阶段或企业研发重点发生了改变。

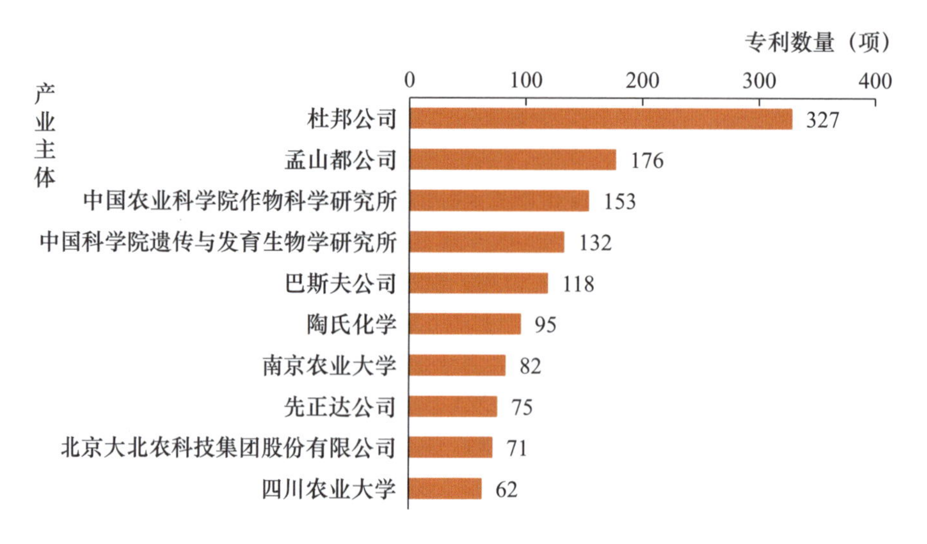

图4.1　2011—2020年全球小麦分子育种领域主要产业主体分布

将2011—2020年全球小麦分子育种主要产业主体的专利家族数量与同族专利数量进行对比（见表4.1），海外大型公司拥有规模更庞大的专利家族，说明其专利技术被保护的范围更加广阔、核心专利布局更加完善、相关技术发展更加连续。相对来说，我国产业主体的专利家族规模较小，许多专利家族中只有1～2件同族专利，对我国核心技术体系的构建及专利技术输出有着不利影响，因此我国在核心技术专利布局、知识产权保护范围等方面的工作仍有待增强。

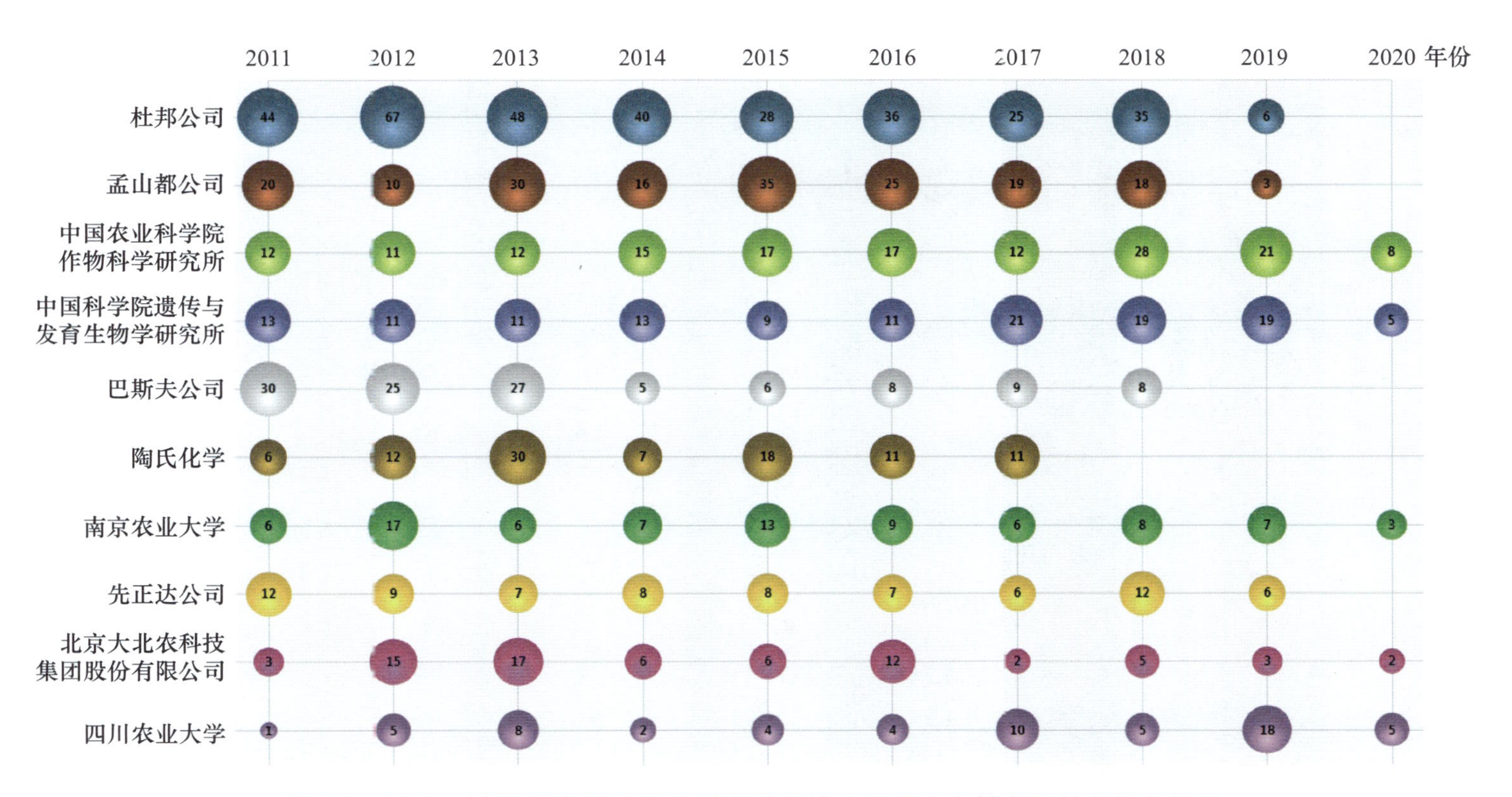

图 4.2　2011—2020 年全球小麦分子育种领域主要产业主体专利数量年份趋势

表 4.1　2011—2020 年全球小麦分子育种主要产业主体的专利数量及同族专利数量

产业主体	杜邦公司	孟山都公司	中国农业科学院作物科学研究所	中国科学院遗传与发育生物学研究所	巴斯夫公司
专利数量（项）	327	176	153	132	118
同族专利数量（件）	1635	748	251	343	920
产业主体	陶氏化学	南京农业大学	先正达公司	北京大北农科技集团股份有限公司	四川农业大学
专利数量（项）	95	82	75	71	62
同族专利数量（件）	1225	155	485	283	91

4.2　主要产业主体优势技术和应用领域

图 4.3 和图 4.4 为 2011—2020 年全球小麦分子育种专利主要产业主体技术和应用分布。从图 4.3 中可以看出，杜邦公司、中国农业科学院作物科学研究所和先正达公司在 9 个技术方向上均有涉及。2011—2020 年，杜邦公司和孟山都公司在小麦分子育种领域的技术重点是转基因技术、单倍体育种和基因编辑。中国农业科学院作物科学研究所和中国科学院遗传与发育生物学研究所的技术重点是转基因技术、分子标记辅助选择和基因编辑。巴斯夫公司的技术重点是转基因技术、载体构建和诱变育种。陶氏化学、先正达公司和北京大北农科技集团股份有限公司的技术重点是转基因技术、载体构建和基因编辑。南京农业大学的技术重点是分子标记辅助选择、转基因技术和载体构建。四川农业大学的技术重点是分子标记辅助选择、基因挖掘技术和转基因技术。从图 4.3 中可以看到，主要产业主体在 6 个应用领域基本都有涉及，但各自侧重点不一。中

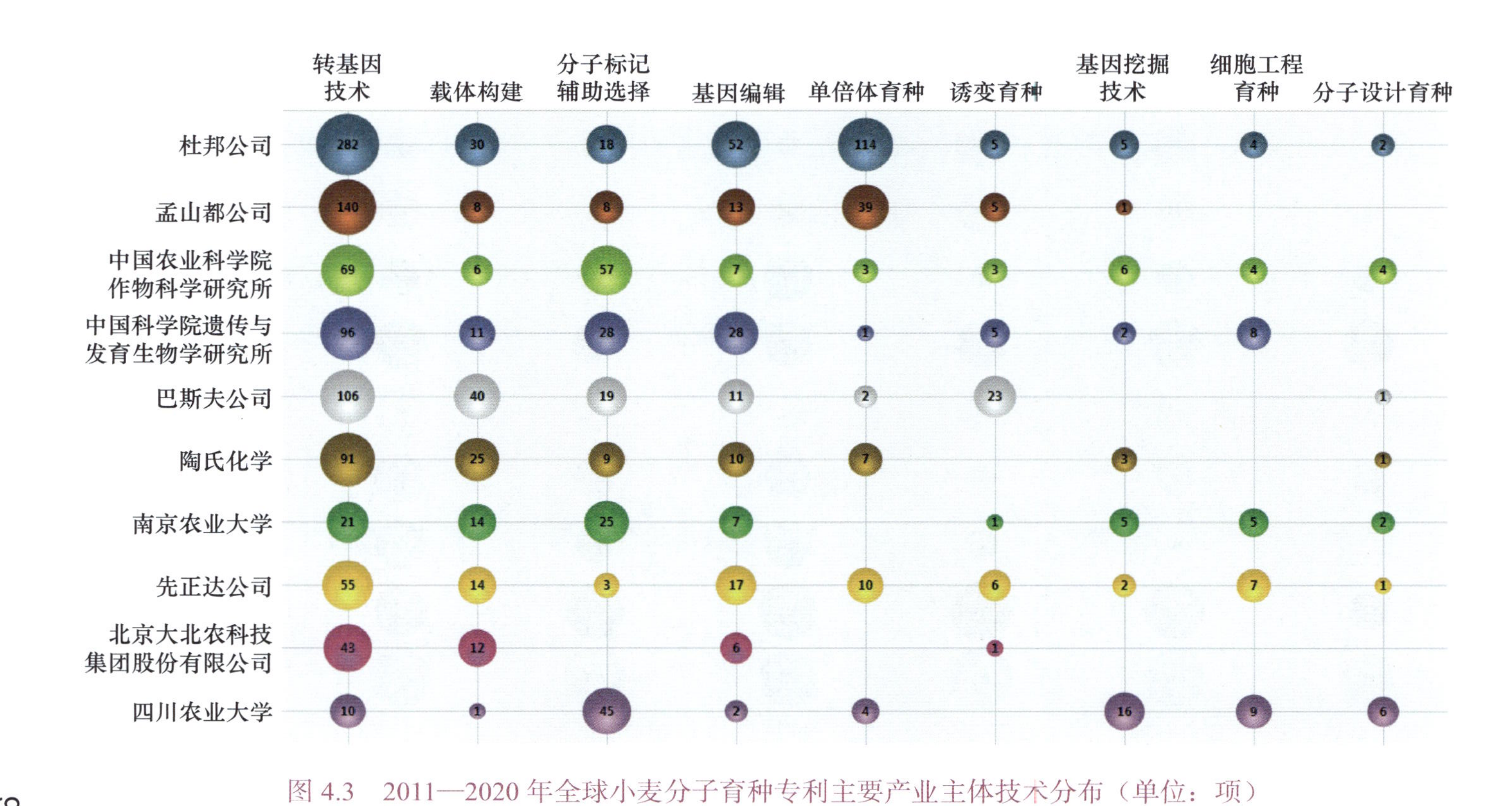

图 4.3　2011—2020 年全球小麦分子育种专利主要产业主体技术分布（单位：项）

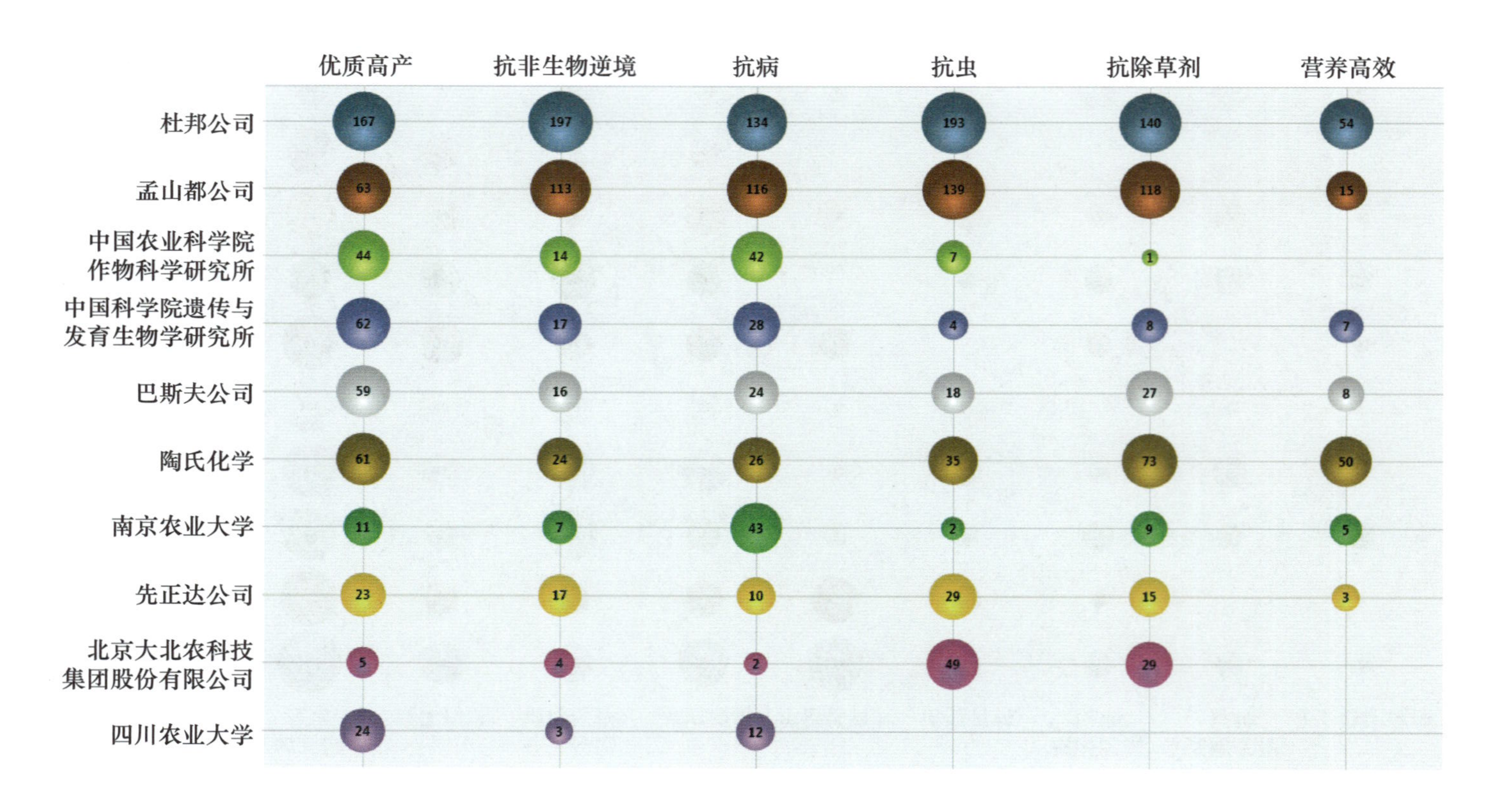

图 4.4 2011—2020 年全球小麦分子育种专利主要产业主体应用分布（单位：项）

国农业科学院作物科学研究所、中国科学院遗传与发育生物学研究所、南京农业大学和四川农业大学 4 家机构在小麦分子育种领域的应用重点是优质高产和抗病，杜邦公司的应用重点是抗非生物逆境和抗虫，孟山都公司和北京大北农科技集团股份有限公司的应用重点则是抗虫和抗除草剂，巴斯夫公司和陶氏化学的应用重点是优质高产和抗除草剂，先正达公司的应用重点是抗虫和优质高产。

4.3　主要产业主体的授权与保护对比分析

经专利同族扩充并进行申请号归并后，得到 2011—2020 年全球小麦分子育种技术主要产业主体的专利数量、授权且有效专利数量、有效专利占比，如图 4.5 所示。从图 4.5 中可以看出，中国产业主体的专利数量与国外产业主体相比，差距较大。杜邦公司共申请 327 项 /1635 件专利，说明杜邦公司的多项专利在全球多个国家 / 地区进行了同族专利的布局，其中授权且有效专利 693 件，排名第一。孟山都公司共申请 176 项 /748 件专利，同杜邦公司一样，孟山都公司的多项专利也在全球多个国家 / 地区进行了同族专利的布局；孟山都公司授权且有效专利 510 件，同其他国家产业主体相比，其有效专利占比较高（68.18%）。中国农业科学院作物科学研究所共申请 153 项 /251 件专利，说明中国农业科学院作物科学研究所极少在其他国家 / 地区进行同族专利的布局和保护，其中授权且有效专利 193 件，其有效专利占比最高（76.89%）。此外，巴斯夫公司和陶氏化学的专利数量均在 900 件以上。除孟山都公司外，其他国外产业主体的有效专利占比均低于 50%。

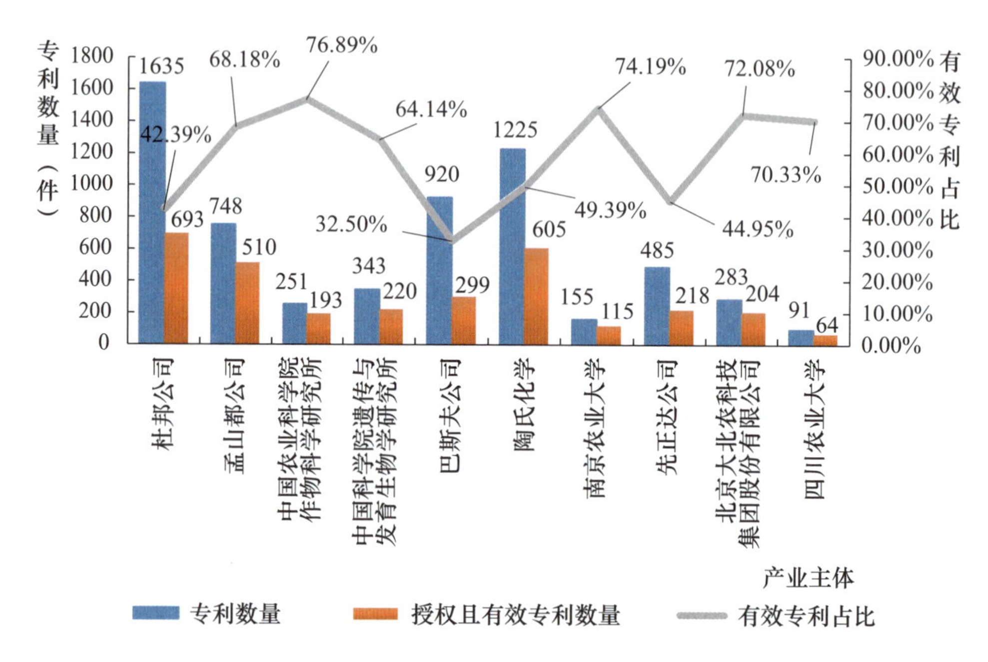

图 4.5　2011—2020 年全球小麦分子育种技术主要产业主体申请专利数量、授权且有效专利数量、有效专利占比

4.4　主要产业主体的专利运营情况对比分析

图 4.6 为 2011—2020 年全球小麦分子育种主要产业主体专利运营情况，即主要产业主体的全部专利中，发生过专利转让、专利变更和专利诉讼的数量分布。专利转让包括出售、折股投资等多种形式，专利作为无形资产，转让行为不仅可以为产业主体带来一定的财富收入，还可以扩大产业主体在行业内的影响力和技术布局，并获得潜在的合作关系。总体来看，中国产业主体的专利运营情况不佳，国外产业主体的专利转让数量远大于中国产业主体的专利转让数量。专利转让数量以杜邦公司的 355 件排名第一，孟山都公司的 266 件排名第二，巴斯夫公司的 186 件排名第三，陶氏化学的 156 件排名第四，北京大北农科技集团股份有限公司

的 143 件排名第五。专利变更中，北京大北农科技集团股份有限公司以 84 件排名第一。四川农业大学未发生专利转让、变更、诉讼等行为，因此未在图中列出。

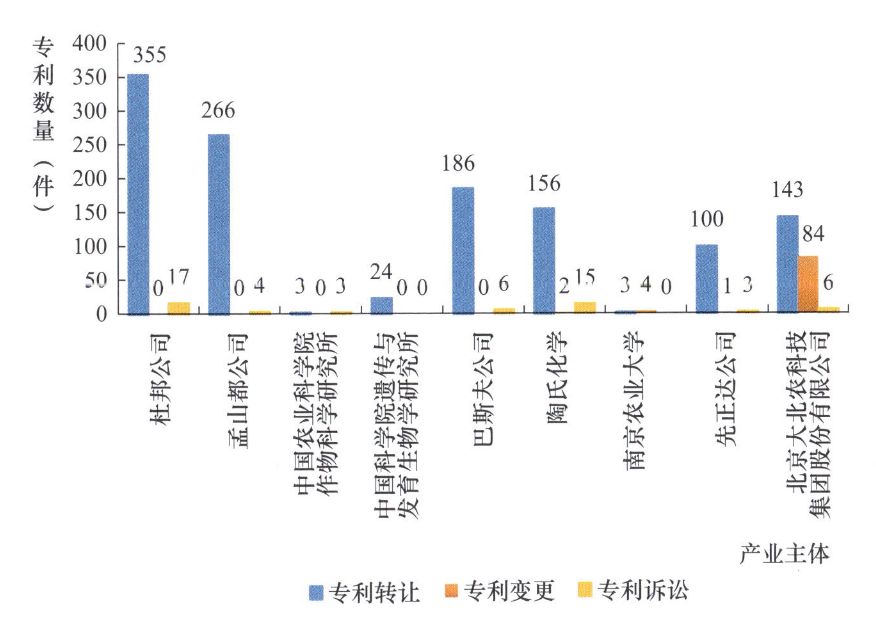

图 4.6　2011—2020 年全球小麦分子育种主要产业主体专利运营情况

4.5　主要产业主体专利质量对比分析

2011—2020 年，全球小麦分子育种领域共有 3646 项专利，经 DWPI 同族专利扩充后得到 12561 件同族专利，其中从 Innography 数据库获取到专利强度的专利共 10889 件。图 4.7 为 2011—2020 年全球小麦分子育种主要产业主体专利质量对比。获取到 Innography 专利强度的主要产业主体专利 5220 件，专利强度≥ 80 分的专利中，国外产业主体占有绝对优势（85.14%）；国内产业主体的专利则主要集中在 0 ～ 30 分的专利强度区间，这就提示国内产业主体应着重提升专利价值，打造高质量专利。

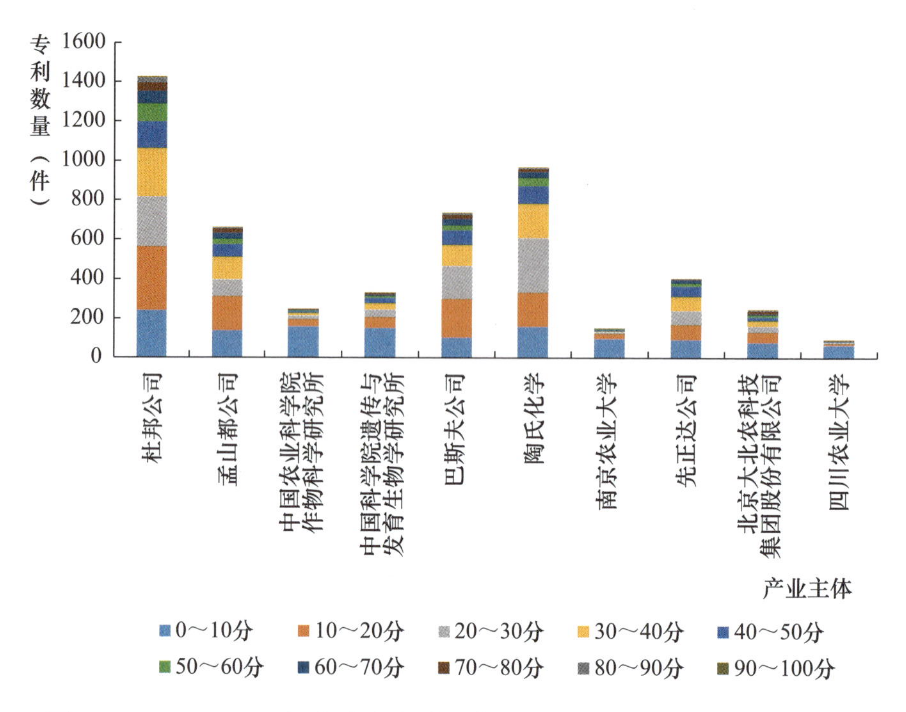

图 4.7　2011—2020 年全球小麦分子育种主要产业主体专利质量对比

4.6　典型产业主体专利核心技术发展路线剖析

美国杜邦公司成立于 1802 年，作为一家科学企业，杜邦公司凭借创新的产品、材料和服务，以协力创新应对各种全球性挑战，包括为全球各地的人们提供充足、健康的食物，减少对化石燃料的依赖，以及保护生命与环境，让全球各地的人们生活得更美好、更安全和更健康。可以说 3 个世纪以来，杜邦公司通过收购、并购等形式成功转型，已成为世界上成功而持久的工业企业之一。在种业领域，杜邦公司曾在 1997 年、1999 年先后收购先锋公司 20%、80% 的股份，先锋良种已作为杜邦公司 12 个业务部门之一开展相关业务，其农作物种子具有卓越的产品表现和丰富的品种选择，可提供适用于全球范围内的玉米、大豆、小麦等多种作物。2017 年 8 月 31 日，陶氏杜邦™合并交易成功完成，拥有三大业务部门：农业、材料科学、特种产品。现在，杜邦公司的业务遍及全球 90 多个国家和地区，涉及农业与食品、楼宇与建筑、通信和交通、能源与生物应用科技等众多领域。杜邦公司在全球有 150 多家机构，技术人员超过 9500 人，每年的研发投入超过 20 亿美元，研发布局主要包括 3 个基础研发中心、4 个地区研发中心。

杜邦公司一直以来十分重视技术产品的知识产权保护与专利的全球布局，积累并建立了完善而全面的专利池，对公司的发展起到了至关重要的作用。从本书的分析结果中可以看出，杜邦公司在小麦分子育种领域的某些专利都是略提及小麦，并非专注于小麦育种，而是适用于大豆、玉米等作物，但是权利要求中或权利说明书中往往会标注相关权利要求（如技术要点或是成分组成）同样可以适用于小麦等单子叶植物，可为其他机构的相关研发提供参考。在小麦分子育种领域，杜邦公司的专利技术主要存在 3 个特点：①申请的基础方法类专利相对较多，如转基因技术、用于表达外源基因的启动子或终止子、位置特异性表达方法、基于化学开关的表达调控方法、与性状相关的分子标记的开发和使用等，这些专利相比于基于特定基因、位点的专利申请更具有普适性，易于形成专利保护体系，从而提升专利价值；②紧跟科技前沿，如在基因（组）编辑技术 CRISPR 方面，杜邦公司基于这一前沿技术申请了若干专利；③撰写的权利要求保护范围一般较大，如针对来自特定物种（玉米或大豆）的基因的用途范围，其往往扩展到包括主要粮食作物、经济作物在内的若干个物种，如获专利授权则影响面较大，无形中扩大了知识产权的保护范围。

经检索，杜邦公司小麦分子育种专利数量为 969 项，展开后同族专利数量为 5463 件。本书基于专利质量、同族专利数量、专利被引次数等多个因素并结合专利所属的技术和应用分类，筛选出杜邦公司小麦分子育种领域重要专利若干，通过专利的前后引证关系绘制出专利技术路线图。图 4.8 为杜邦公司小麦分子育种专利核心技术发展路线图，图中横轴为专利申请时间，专利按照申请先后时间排列。箭头指向的方向，代表该专利被后续专利引用。图中以一件专利家族成员代替整个专利家族，箭头所指的引用表示对专利家族的引用，并非针对专利家族中的一件专利的引用。图中所列只是部分重要专利，并非杜邦公司的全部专利。表 4.2 为杜邦公司小麦分子育种领域重要专利信息。

整体来看，杜邦公司小麦分子育种研发活动历史悠久，发展体系完整且大部分专利拥有庞大的专利家族，在世界多地均构建了较全面的技术壁垒。在技术方面，转基因技术是最早出现的分子育种技术，至今也是杜邦公司主要的育种手段；从 1992 年到 1998 年，载体构建、分子标记辅助选择、单倍体育种、基因编辑等技术被陆续运用到小麦育种的过程中，用于对筛选出的小麦种质进行基因定位和基因标记，以帮助提高小麦育种效率；2011 年之后，杜邦公司在小麦分子育种领域的技术重点开始转向转基因技术、单倍体育种和基因编辑，且 2016 年后其基因编辑技术发展较快，申请了多件涉及基因（组）编辑方法的专利。在应用方面，抗除草剂小麦、抗虫小麦是杜邦公司的主要研发方向。

杜邦公司是小麦分子育种领域最早申请相关专利的机构之一，该公司在小麦分子育种领域的成绩得益于对先锋良种的收购。先锋良种于 1982 年产出一项专利——US4406086A“Method of producing wheat has specified genera crossed to increase yield”，杜邦公司在 1997 年收购先锋良种后，1998 年起专利数量开始出现迅速增长并达到了专利数量的高峰，此后专利数量略有下降，2008 年后的年度专利数量较稳定。

杜邦公司于 2001 年申请了多件同族专利，即 DWPI 入藏号为 2002490010 的 DWPI 同族专利共 43 件，涉及 3 项技术（转基因技术、载体构建、分子标记辅助选择）和两项应用（抗除草剂、抗虫）。例如，杜邦公司于 2001 年申请专利 US20030083480A1“New glyphosate-N-acetyltransferase gene and polypeptide having increased rate of catalysis and increased stability, useful for generating glyphosate resistant plants”、WO2002036782A2、US8008547B2 等，该同族专利中新型草甘膦 N - 乙酰转移酶（GAT）基因和多肽可以加快催化速度和增加稳定性，有助于产生抗草甘膦植物。随后，在该同族专利的基础之上，又形成了两项同族专利，分别是 DWPI 入藏号为 2004011782 和 2007283729 的同族专利，前者中新草甘膦 N　乙酰转移酶多肽和多核苷酸，可用于生产耐草甘膦的植物，或者用于防止含有作物的田地中出现抗草甘膦的杂草；后者是一种新型植物，含有对草甘膦或多核苷酸具有耐受性的编码多肽和乙酰乳酸合成酶（acetolactate synthase）抑制剂，编码抗 ALS 抑制剂的耐受性多肽，可用于控制杂草。随后，该公司又申请了一类专利（DWPI 入藏号为 2007255142），涉及表达感兴趣的多核苷酸，包括将包含嵌合转录调节区域的 DNA 结构引入细胞，并应用于大豆事件 3560.4.3.5。2011 年以后，杜邦公司陆续申请了编码 4-羟基苯丙酮酸双加氧酶（HPPD）的新多核苷酸专利，可用于生产抗除草剂的 HPPD 植物；2014 年，开始出现可用于小麦等作物的杀虫蛋白、病毒诱导基因沉默技术等相关专利。

在转基因技术领域，杜邦公司通过申请 FRT 的重组位点和使用方法（US7736897B2），进行转基因植物的筛选（US20100154083A1），并对 FRT 重组位点库进行改进（US9777284B2）。2000 年以后，杜邦公司结合转基因技术和单倍体育种，申请了多件小麦品种专利（US6825404B1、US6989480B2、US7084335B2、US8669446B1、US9137962B1）。其中，小麦新品种 25R78 新种子，可用于培育具有

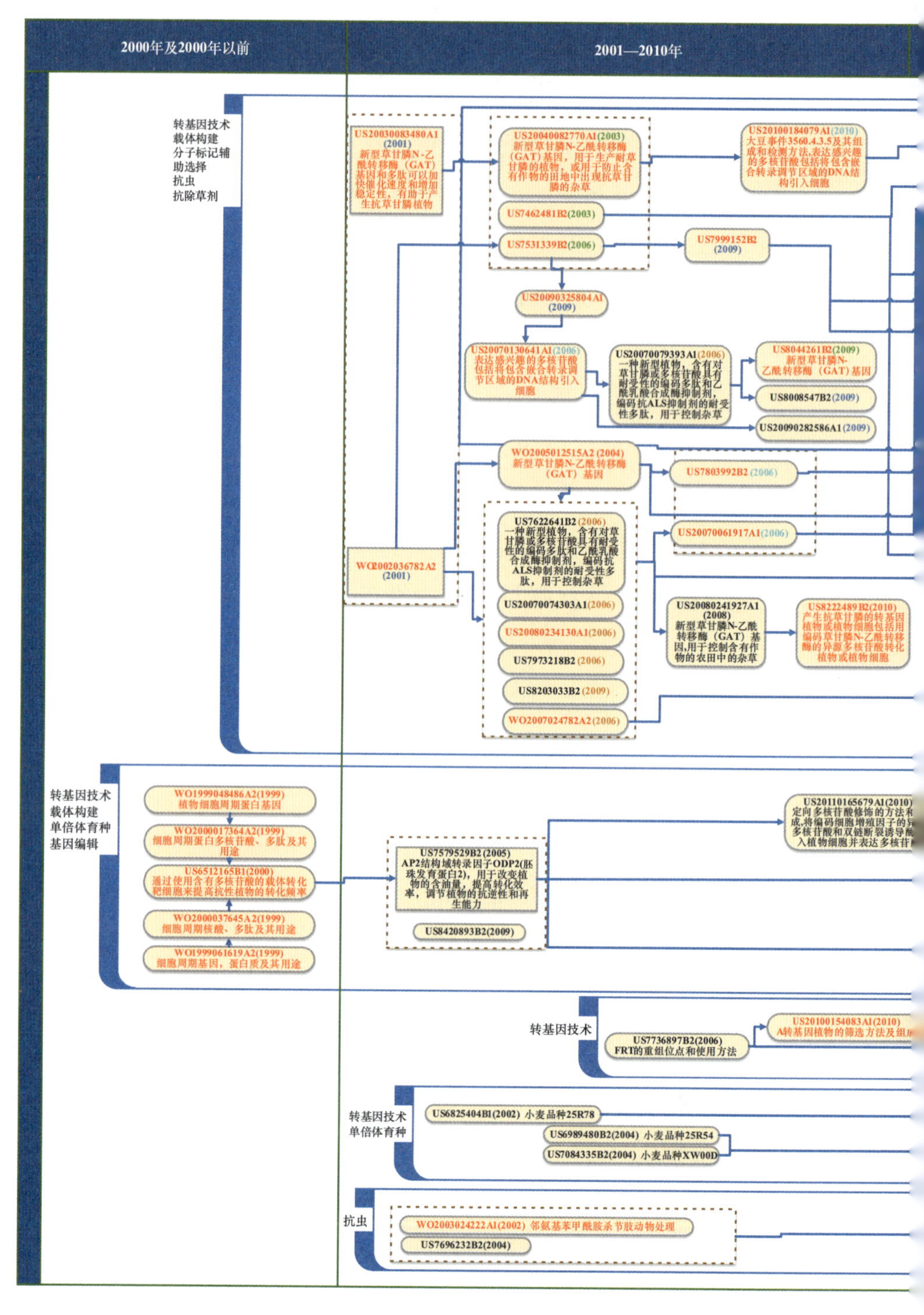

图 4.8　杜邦公司小麦分子育种专利核心

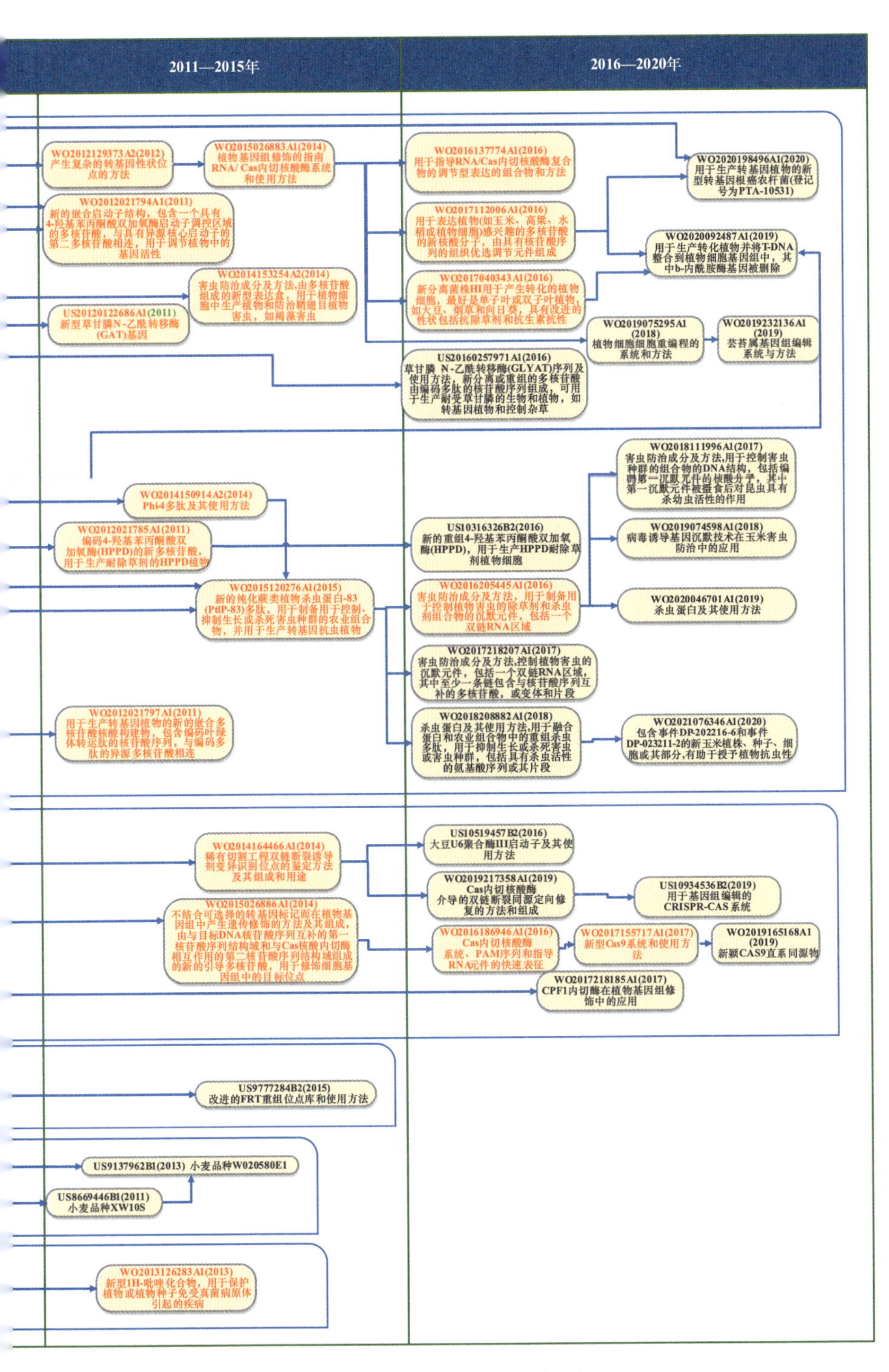

技术发展路线图（图中红色专利为失效专利）

较高产量、抗病虫、改良籽粒品质和优良农艺品质等优良性状的小麦新品种；小麦新品种W020580E1的新植株、植株部分、种子或细胞可用于生产具有雄性不育、非生物胁迫耐受性和碳水化合物改变等性状的基因座转换的小麦植株；特定小麦品种XW10S的新植株、植株部分、种子或细胞，可用于生产小麦种子，该小麦种子可用于产生第二株小麦、双单倍体小麦和后代种子；小麦新品种编号为25R54的新种子，可作为育种材料的来源，以用于在其他小麦优良品种或新品种中引入抗赤霉病的抗性，并可作为人类食品、牲畜饲料和工业原料；小麦新品种25R30的新植株、种子或细胞，可用于生产具有改善所需性状的植株，如雄性不育、非生物胁迫耐受性、磷、抗氧化剂和脂肪酸等；小麦新品种XW00D的新种子，可用于培育具有雄性不育、抗除草剂、防虫防病、提高籽粒品质和更好的农学品质等优良性状的小麦品种。

2014年之后，尤其是2016年之后，杜邦公司加大了基因（组）编辑技术的研发力度，在CRISPR方面申请了多件专利。专利WO2015026886A1“Methods for producing genetic modifications in a plant genome without incorporating a selectable transgene marker, and compositions thereof”通过不结合可选择的转基因标记而在植物基因组中产生遗传修饰的方法及其组成，由与目标DNA核苷酸序列互补的第一核苷酸序列结构域和与Cas核酸内切酶相互作用的第二核苷酸序列结构域组成的新的引导多核苷酸，用于修饰细胞基因组中的目标位点。在此基础之上，杜邦公司申请了一系列相关专利，如WO2016186946A1是对Cas核酸内切酶系统、PAM序列和指导RNA元件的快速表征；WO2017155717A1涉及新型Cas9系统和使用方法；WO2019165168A1含新颖Cas9直系同源物；WO2017218185A1涉及CPF1核酸内切酶在植物基因组修饰中的应用。

表 4.2　杜邦公司小麦分子育种领域重要专利信息

公开号	DWPI 入藏号	申请日期	DWPI 标题	DWPI 同族专利计数（件）	专利强度区间（分）	施引专利计数（件）	失效 / 有效	估计的截止日期
US20030083480A1	2002490010	2001-10-29	New glyphosate-N-acetyltransferase gene and polypeptide having increased rate of catalysis and increased stability, useful for generating glyphosate resistant plants	43	70 ～ 80	163	失效	—
US20040082770A1	2004011782	2003-04-30	New glyphosate-N-acetyltransferase polypeptides and polynucleotides, useful for producing glyphosate-tolerant plants, or for preventing emergence of glyphosate resistant weeds in fields containing a crop	20	90 ～ 100	141	失效	2016-12-09
US20100184079A1	2007255142	2010-03-02	Expressing a polynucleotide of interest comprises introducing into a cell a DNA construct comprising a chimeric transcriptional regulatory region	24	60 ～ 70	175	失效	2014-05-09
WO2012129373A2	2012M63934	2012-03-22	Complex transgenic trait locus within a plant used in plant breeding comprises two altered target sequences that originate from target sequence recognized and cleaved by double-strand break-inducing agent, linked to a polynucleotide	15	80 ～ 90	28	失效	—

（续表）

公开号	DWPI 入藏号	申请日期	DWPI 标题	DWPI 同族专利计数（件）	专利强度区间（分）	施引专利计数（件）	失效 / 有效	估计的截止日期
WO2015026883A1	201519683L	2014-08-20	Selecting a plant comprising altered target site in its plant genome, comprises e.g. crossing first plant comprising clustered regularly interspaced short palindromic repeats-associated endonuclease with second plant, and evaluating progeny	18	90 ～ 100	60	失效	—
WO2016137774A1	2016535344	2016-02-15	Regulating expression of guide RNA/clustered regularly interspaced short palindromic repeat associated protein associated protein endonuclease complex in plant cell, by inducing guide RNA incorporated in recombinant DNA construct	10	70 ～ 80	18	失效	—
WO2017112006A1	201744051K	2016-08-26	New nucleic acid molecule useful for expressing polynucleotide of interest in plant e.g. maize, Sorghum, or rice or plant cell, comprises tissue preferred regulatory element having nucleotide sequence	7	80 ～ 90	8	失效	—

（续表）

公开号	DWPI 入藏号	申请日期	DWPI 标题	DWPI 同族专利计数（件）	专利强度区间（分）	施引专利计数（件）	失效 / 有效	估计的截止日期
WO2020092487A1	202037643G	2019-10-30	Modified Ochrobactrum haywardense HI bacterium for producing transformed plants and integrating T-DNA within genome of plant cell, in which b-lactamase gene is deleted	3	60 ～ 70	0	有效	—
WO2020198496A1	202097159N	2020-03-26	New genetically modified Agrobacterium tumefaciens bacterium (deposited under Accession Number PTA-10531) that is deficient in functional Tn904 transposon relative to its parent strain, for producing transgenic plant	1	60 ～ 70	0	有效	—
WO2017040343A1	2017172591	2016-08-26	New isolated Ochrobactrum haywardense strain HI used for producing transformed plant cell, preferably monocot or dicot e.g. soybean, tobacco, and sunflower with improved traits including herbicide resistance and antibiotic resistance	12	80 ～ 90	6	失效	2036-08-26

（续表）

公开号	DWPI 入藏号	申请日期	DWPI 标题	DWPI 同族专利计数（件）	专利强度区间（分）	施引专利计数（件）	失效 / 有效	估计的截止日期
WO2019075295A1	2019363732	2018-10-12	Generating haploid plant embryo for generating doubled haploid plant, used in embryogenic microspore, plant cell, and population of plant cells, involves obtaining embryogenic microspore by providing plant microspore	8	60 ～ 70	2	未确定	—
WO2019232136A1	2019A2464N	2019-05-30	Editing genome of Brassica cell by culturing microspore comprising genetic modification having clustered regularly interspaced short palindromic repeats associated protein genome editing system, culturing microspore and regenerating plant	3	0 ～ 10	0	有效	—
US7462481B2	2004011782	2003-04-30	New glyphosate-N-acetyltransferase polypeptides and polynucleotides, useful for producing glyphosate-tolerant plants, or for preventing emergence of glyphosate resistant weeds in fields containing a crop	20	90 ～ 100	96	失效	2016-12-09

（续表）

公开号	DWPI 入藏号	申请日期	DWPI 标题	DWPI 同族专利计数（件）	专利强度区间（分）	施引专利计数（件）	失效 / 有效	估计的截止日期
WO2012021794A1	2012C14300	2011-08-12	New chimeric promoter construct comprising a polynucleotide with regulatory region of 4-hydroxyphenylpyruvate dioxygenase promoter linked to second polynucleotide with heterologous core promoter, useful for modulating gene activity in plant	6	80 ～ 90	27	失效	—
WO2015120276A1	201546977S	2015-02-06	New purified Pteridophyta insecticidal protein-83 (PtIP-83) polypeptide, for preparing agricultural composition used for controlling, inhibiting growth or killing insect pest population, and for producing transgenic pest-resistant plants	23	80 ～ 90	27	失效	2035-02-06
WO2014153254A2	2014R64984	2014-03-14	New expression cassette comprising polynucleotide used in plant cell for producing plant and controlling Coleoptera plant pest e.g. Diabrotica plant pest	19	80 ～ 90	23	失效	—

（续表）

公开号	DWPI 入藏号	申请日期	DWPI 标题	DWPI 同族专利计数（件）	专利强度区间（分）	施引专利计数（件）	失效 / 有效	估计的截止日期
US7622641B2	2007283729	2006-08-22	Novel plant comprising polynucleotide encoding polypeptide that confers tolerance to glyphosate or polynucleotide and acetolactate synthase inhibitor encodes ALS inhibitor-tolerant polypeptide, useful for controlling weeds	25	90 ～ 100	68	有效	2028-01-23
US20070061917A1	2007255142	2006-08-22	Expressing a polynucleotide of interest comprises introducing into a cell a DNA construct comprising a chimeric transcriptional regulatory region	24	80 ～ 90	31	失效	—
US20070074303A1	2007283729	2006-08-22	Novel plant comprising polynucleotide encoding polypeptide that confers tolerance to glyphosate or polynucleotide and acetolactate synthase inhibitor encodes ALS inhibitor-tolerant polypeptide, useful for controlling weeds	25	70 ～ 80	63	有效	2029-11-02

（续表）

公开号	DWPI 入藏号	申请日期	DWPI 标题	DWPI 同族专利计数（件）	专利强度区间（分）	施引专利计数（件）	失效 / 有效	估计的截止日期
US8222489B2	2011D68147	2010-11-23	Producing a glyphosate resistant transgenic plant or plant cell comprises transforming a plant or plant cell with a heterologous polynucleotide encoding glyphosate-N-acetyltransferase	2	70 ～ 80	15	失效	2020-07-17
US20080234130A1	2007283729	2006-08-22	Novel plant comprising polynucleotide encoding polypeptide that confers tolerance to glyphosate or polynucleotide and acetolactate synthase inhibitor encodes ALS inhibitor-tolerant polypeptide, useful for controlling weeds	25	80 ～ 90	62	失效	—
US20080241927A1	2008M93775	2008-03-21	New cell, comprises a heterologous polynucleotide comprising a nucleotide sequence encoding a polypeptide, where the polypeptide has glyphosate-N-acetyltransferase activity, useful for controlling weeds in a field containing a crop	2	80 ～ 90	23	有效	2024-10-13

（续表）

公开号	DWPI 入藏号	申请日期	DWPI 标题	DWPI 同族专利计数（件）	专利强度区间（分）	施引专利计数（件）	失效 / 有效	估计的截止日期
WO2002036782A2	2002490010	2001-10-29	New glyphosate-N-acetyltransferase gene and polypeptide having increased rate of catalysis and increased stability, useful for generating glyphosate resistant plants	43	—	295	失效	—
WO2005012515A2	2005142892	2004-04-29	New recombinant polynucleotide encoding glyphosate-N-acetyltransferase, useful for conferring herbicide resistance	36	60 ～ 70	354	失效	—
WO2007024782A2	2007283729	2006-08-22	Novel plant comprising polynucleotide encoding polypeptide that confers tolerance to glyphosate or polynucleotide and acetolactate synthase inhibitor encodes ALS inhibitor-tolerant polypeptide, useful for controlling weeds	25	60 ～ 70	515	失效	—

（续表）

公开号	DWPI 入藏号	申请日期	DWPI 标题	DWPI 同族专利计数（件）	专利强度区间（分）	施引专利计数（件）	失效 / 有效	估计的截止日期
WO2012021797A1	2012C14292	2011-08-12	New chimeric polynucleotide nucleic acid construct for producing transgenic plant, comprising nucleotide sequence encoding chloroplast transit peptide operably linked to heterologous polynucleotide encoding polypeptide of interest	5	80 ～ 90	13	失效	—
US7803992B2	2007255142	2006-08-22	Expressing a polynucleotide of interest comprises introducing into a cell a DNA construct comprising a chimeric transcriptional regulatory region	24	90 ～ 100	28	失效	2018-11-05
WO2014150914A2	2014R66245	2014-03-12	New peptide having N-terminal histidine and C-terminal isoleucine amide-4 polypeptide having improved insecticidal activity, useful for controlling insect pest population resistant to e.g. Cry1Ac and protecting transgenic plant from pest	19	80 ～ 90	9	失效	—

（续表）

公开号	DWPI 入藏号	申请日期	DWPI 标题	DWPI 同族专利计数（件）	专利强度区间（分）	施引专利计数（件）	失效 / 有效	估计的截止日期
WO2016205445A1	201680758A	2016-06-16	Silencing element used for preparing composition containing herbicide and insecticide for controlling a plant insect pest, comprises one double-stranded RNA region	15	80 ～ 90	6	失效	—
WO2018111996A1	201849453M	2017-12-13	DNA construct used in composition for controlling an insect pest population, comprises nucleic acid molecule encoding first silencing element, where first silencing element has insect larvacidal activity on insect when ingested	3	30 ～ 40	1	未确定	—
WO2020046701A1	202019434H	2019-08-22	New insectidal polypeptide derived from a crystal (Cry) toxin, comprises heterologous alpha loop region, for inhibiting growth of, or killing, insect pest or pest population that is resistant to at least one Cry insecticidal protein	5	40 ～ 50	0	有效	—

（续表）

公开号	DWPI 入藏号	申请日期	DWPI 标题	DWPI 同族专利计数（件）	专利强度区间（分）	施引专利计数（件）	失效 / 有效	估计的截止日期
WO2019074598A1	2019363857	2018-09-11	New isolated polynucleotide useful for controlling plant insect pest chosen from Coleopteran, Lepidopteran, or Hemipteran, comprises polynucleotide encoding silencing element and polynucleotide encoding maize white line mosaic virus	2	40 ～ 50	0	未确定	—
WO2017218207A1	201787258X	2017-06-02	Silencing element for controlling a plant insect pest, comprising one double-stranded RNA region, at least one strand of which comprises polynucleotide that is complementary to nucleotide sequence, or variants and fragments	7	40 ～ 50	1	未确定	—
WO2018208882A1	201889886A	2018-05-09	Recombinant insecticidal polypeptide used in fusion protein and agricultural composition, and for inhibiting growth or killing insect pest or pest population, comprises an amino acid sequence or its fragment having insecticidal activity	9	30 ～ 40	1	未确定	—

（续表）

公开号	DWPI 入藏号	申请日期	DWPI 标题	DWPI 同族专利计数（件）	专利强度区间（分）	施引专利计数（件）	失效 / 有效	估计的截止日期
WO2021076346A1	202141723E	2020-10-02	New corn plant, seed, cell, or its part comprising event DP-202216-6 and event DP-023211-2, useful for conferring insect resistance to plant	1	20 ～ 30	0	有效	—
US10316326B2	201568662D	2016-10-20	New recombinant 4-hydroxyphenylpyruvate dioxygenase (HPPD), useful for producing an HPPD herbicide tolerant plant cell	6	20 ～ 30	0	有效	2035-05-02
US8203033B2	2007283729	2009-04-02	Novel plant comprising polynucleotide encoding polypeptide that confers tolerance to glyphosate or polynucleotide and acetolactate synthase inhibitor encodes ALS inhibitor-tolerant polypeptide, useful for controlling weeds	25	90 ～ 100	8	有效	2027-10-10

（续表）

公开号	DWPI 入藏号	申请日期	DWPI 标题	DWP 同族专利计数（件）	专利强度区间（分）	施引专利计数（件）	失效 / 有效	估计的截止日期
US7973218B2	2007283729	2006-08-22	Novel plant comprising polynucleotide encoding polypeptide that confers tolerance to glyphosate or polynucleotide and acetolactate synthase inhibitor encodes ALS inhibitor-tolerant polypeptide, useful for controlling weeds	25	90 ～ 100	45	有效	2029-11-02
US7531339B2	2004011782	2006-04-17	New glyphosate-N-acetyltransferase polypeptides and polynucleotides, useful for producing glyphosate-tolerant plants, or for preventing emergence of glyphosate resistant weeds in fields containing a crop	20	90 ～ 100	32	失效	2017-05-12
US7999152B2	2002490010	2009-08-03	New glyphosate-N-acetyltransferase gene and polypeptide having increased rate of catalysis and increased stability, useful for generating glyphosate resistant plants	43	90 ～ 100	19	失效	2019-08-16

（续表）

公开号	DWPI 入藏号	申请日期	DWPI 标题	DWPI 同族专利计数（件）	专利强度区间（分）	施引专利计数（件）	失效 / 有效	估计的截止日期
US20120122686A1	2004011782	2011-11-18	New glyphosate-N-acetyltransferase polypeptides and polynucleotides, useful for producing glyphosate-tolerant plants, or for preventing emergence of glyphosate resistant weeds in fields containing a crop	20	50 ～ 60	0	失效	—
US20160257971A1	201526282D	2016-04-15	New isolated or recombinant polynucleotide useful in nucleic acid construct for producing glyphosate tolerant organisms and plant, e.g. transgenic plant, and controlling weeds, comprises nucleotide sequence encoding polypeptide	9	10 ～ 20	0	有效	2034-12-21
US20090325804A1	2002490010	2009-08-03	New glyphosate-N-acetyltransferase gene and polypeptide having increased rate of catalysis and increased stability, useful for generating glyphosate resistant plants	43	80 ～ 90	18	失效	2019-08-16

（续表）

公开号	DWPI 入藏号	申请日期	DWPI 标题	DWPI 同族专利计数（件）	专利强度区间（分）	施引专利计数（件）	失效 / 有效	估计的截止日期
US20070130641A1	2007255142	2006-08-22	Expressing a polynucleotide of interest comprises introducing into a cell a DNA construct comprising a chimeric transcriptional regulatory region	24	80 ～ 90	28	失效	2018-11-05
US20070079393A1	2007283729	2006-08-22	Novel plant comprising polynucleotide encoding polypeptide that confers tolerance to glyphosate or polynucleotide and acetolactate synthase inhibitor encodes ALS inhibitor-tolerant polypeptide, useful for controlling weeds	25	60 ～ 70	51	有效	2028-01-23
US8044261B2	2004011732	2009-08-03	New glyphosate-N-acetyltransferase polypeptides and polynucleotides, useful for producing glyphosate-tolerant plants, or for preventing emergence of glyphosate resistant weeds in fields containing a crop	20	90 ～ 100	17	失效	2019-10-25

（续表）

公开号	DWPI 入藏号	申请日期	DWPI 标题	DWPI 同族专利计数（件）	专利强度区间（分）	施引专利计数（件）	失效 / 有效	估计的截止日期
US8008547B2	2002490010	2009-04-01	New glyphosate-N-acetyltransferase gene and polypeptide having increased rate of catalysis and increased stability, useful for generating glyphosate resistant plants	43	90 ～ 100	15	有效	2021-10-29
US20090282586A1	2002490010	2009-04-01	New glyphosate-N-acetyltransferase gene and polypeptide having increased rate of catalysis and increased stability, useful for generating glyphosate resistant plants	43	90 ～ 100	23	有效	2021-10-29
WO2012021785A1	2012C14312	2011-08-12	New polynucleotide encoding a 4-hydroxyphenylpyruvate dioxygenase (HPPD), useful for producing HPPD herbicide-tolerant plant	16	80 ～ 90	18	失效	—
US7579529B2	2005564571	2005-01-28	Novel ovule development protein 2 (ODP2) polypeptide, useful for altering oil content in plant, increasing transformation efficiencies, modulating stress tolerance, and modulating regenerative capacity of plant	25	90 ～ 100	32	有效	2025-07-28

（续表）

公开号	DWPI 入藏号	申请日期	DWPI 标题	DWPI 同族专利计数（件）	专利强度区间（分）	施引专利计数（件）	失效 / 有效	估计的截止日期
US6512165B1	2002179710	2000-07-10	Enhancing transformation frequencies in recalcitrant plants by transforming target cells (which have been previously modified to stimulate growth of the cell) with vectors containing polynucleotide	7	70 ～ 80	42	失效	2020-07-10
WO1999061619A2	2000062715	1999-05-20	Polynucleotides encoding maize constitutive kinase subunits, useful for gromoting plant growth and enhancing transformation frequencies	5	—	106	失效	—
WO2000037645A2	2000442673	1999-12-22	New maize nucleic acid encoding a cell cycle regulatory protein, known as WEE1, useful for modulating the expression of WEE1 polypeptide in plants to increase crop yield	5	—	10	失效	—
WO2000017364A2	2000283589	1999-09-21	Novel polynucleotides encoding maize cyclin D isoforms 1, 2 and 3, related proteins and antisense RNA useful for control of cell cycle regulation	15	—	105	失效	—

（续表）

公开号	DWPI 入藏号	申请日期	DWPI 标题	DWPI 同族专利计数（件）	专利强度区间（分）	施引专利计数（件）	失效 / 有效	估计的截止日期
WO1999048486A2	1999591036	1999-03-19	New isolated plant cyclin genes, used to develop products for use as herbicides and for developing plant breeding programs	8	—	11	失效	—
US20110165679A1	2011H73107	2010-12-30	Modifying target site of plant cell, involves introducing heterologous polynucleotide encoding cell proliferation factor and double-strand break-inducing enzyme into plant cell and expressing polynucleotide	10	80 ～ 90	24	有效	2031-12-31
WO2014164466A1	2014S16024	2014-03-10	Identifying variant recognition site for rare-cutting engineered double-strand-break-inducing agent involves contacting genomic DNA with inducing agent, ligating and shearing ligated DNA and aligning sequence of DNA fragment with reference	12	80 ～ 90	35	失效	—

（续表）

公开号	DWPI 入藏号	申请日期	DWPI 标题	DWPI 同族专利计数（件）	专利强度区间（分）	施引专利计数（件）	失效 / 有效	估计的截止日期
US10519457B2	201515954Y	2016-02-22	New guide polynucleotide comprising first nucleotide sequence domain complementary to nucleotide sequence in target DNA and second nucleotide sequence domain interacting with Cas endonuclease, used to modify target site in genome of cell	40	80 ～ 90	0	有效	2034-08-20
WO2019217358A1	201995400M	2019-05-07	Increasing homology-directed repair frequency at double strand (ds) break of target polynucleotide in cell involves e.g. introducing first ds break to form modified sequence and providing e.g. guide RNA to form second ds break	4	10 ～ 20	1	有效	—
US10934536B2	2020539426	2019-12-13	Synthetic composition used to e.g. edit or modify genome of cell, comprises clustered regularly interspaced short palindromic repeats associated protein endonuclease, target double-stranded DNA polynucleotide, and guide polynucleotide	5	50 ～ 60	0	有效	2039-12-13

（续表）

公开号	DWPI 入藏号	申请日期	DWPI 标题	DWPI 同族专利计数（件）	专利强度区间（分）	施引专利计数（件）	失效 / 有效	估计的截止日期
WO2015026886A1	201515954Y	2014-08-20	New guide polynucleotide comprising first nucleotide sequence domain complementary to nucleotide sequence in target DNA and second nucleotide sequence domain interacting with Cas endonuclease, used to modify target site in genome of cell	40	90 ～ 100	74	失效	—
WO2016186946A1	201672391X	2016-05-12	Identifying Protospacer-Adjacent-Motif sequence involves providing library of plasmid DNA, where plasmid DNA comprises randomized Protospacer-Adjacent-Motif sequence integrated adjacent to target sequence	11	70 ～ 80	59	失效	—
WO2017155717A1	201764352C	2017-02-27	New guide RNA (gRNA) or single gRNA, useful for forming a gRNA/Clustered Regularly Interspaced Short Palindromic Repeats-associated protein 9 endonuclease complex used for modifying a target site or editing a nucleotide sequence	6	70 ～ 80	18	失效	—

（续表）

公开号	DWPI 入藏号	申请日期	DWPI 标题	DWPI 同族专利计数（件）	专利强度区间（分）	施引专利计数（件）	失效 / 有效	估计的截止日期
WO2019165168A1	2019743498	2019-02-22	Synthetic composition for Cas9 orthologs, comprises heterologous component and Cas endonuclease, where Cas endonuclease comprises amino acid such as isoleucine at position 13, where position numbers are determined by sequence alignment	6	10 ～ 20	1	有效	—
WO2017218185A1	201787259P	2017-05-31	Modifying a target sequence in the genome of a plant cell comprises introducing into a plant cell a Clustered Regularly Interspaced Short Palindromic Repeats from Prevotella and Francisella 1 endonuclease protein	11	70 ～ 80	17	未确定	—
US8420893B2	2005564571	2009-07-15	Novel ovule development protein 2 (ODP2) polypeptide, useful for altering oil content in plant, increasing transformation efficiencies, modulating stress tolerance, and modulating regenerative capacity of plant	25	90 ～ 100	13	有效	2026-01-16

（续表）

公开号	DWPI 入藏号	申请日期	DWPI 标题	DWPI 同族专利计数（件）	专利强度区间（分）	施引专利计数（件）	失效 / 有效	估计的截止日期
WO2003024222A1	2003342587	2002-09-10	Protecting a propagule or a plant from an invertebrate pest e.g. arthropod involves contacting the propagule or the locus of the propagule with anthranilamide derivative	40	—	528	失效	—
WO2013126283A1	2013M75020	2013-02-15	New 1H-pyrazole compounds useful for protecting plant or plant seed from diseases caused by fungal pathogens	1	70 ~ 80	13	失效	—
US7696232B2	2003342587	2004-01-26	Protecting a propagule or a plant from an invertebrate pest e.g. arthropod involves contacting the propagule or the locus of the propagule with anthranilamide derivative	40	90 ~ 100	53	有效	2025-07-21
US6825404B1	2004831028	2002-08-05	New seed of wheat variety 25R78, useful for developing new and distinctive wheat varieties with desired traits, e.g. higher yield, resistance to diseases and insects, improved grain quality, and better agronomic qualities	1	90 ~ 100	31	有效	2023-04-26

（续表）

公开号	DWPI 入藏号	申请日期	DWPI 标题	DWPI 同族专利计数（件）	专利强度区间（分）	施引专利计数（件）	失效 / 有效	估计的截止日期
US9137962B1	201556832F	2013-09-12	New plant, plant part, seed, or cell of wheat variety W020580E1 useful in breeding technique for producing wheat plant having locus conversion conferring trait e.g. male sterility, abiotic stress tolerance, and altered carbohydrates	1	70 ～ 80	11	有效	2033-12-07
US8669446B1	2014E44410	2011-11-03	New plant, plant part, seed, or cell of specified wheat variety, useful to e.g. produce wheat seed, which is useful to produce wheat plant i.e. useful to produce second wheat plant, double haploid wheat plant, and progeny seed	1	40 ～ 50	3	有效	2031-12-27
US6989480B2	2004774977	2004-03-08	New seed of wheat variety designated 25R54, useful as a source of breeding material to introduce Fusarium head blight resistance into other elite or new wheat varieties, and for human food, livestock feed, and as a raw material in industry	2	80 ～ 90	24	有效	2024-05-13

（续表）

公开号	DWPI 入藏号	申请日期	DWPI 标题	DWPI 同族专利计数（件）	专利强度区间（分）	施引专利计数（件）	失效 / 有效	估计的截止日期
US7084335B2	2004747321	2004-05-24	New seed of wheat variety XW00D, useful for developing distinctive and superior wheat varieties having desired traits, e.g. male sterility, herbicide, insect and disease resistance, improved grain quality, and better agronomic qualities	2	80～90	14	有效	2024-08-19
US7736897B2	2008C46593	2006-07-14	New FRT recombination site, useful for modulating transcription of a desired polynucleotide or for developing transgenic plants with desired traits or characteristics	2	90～100	21	有效	2028-04-14
US20100154083A1	2010G90465	2010-02-22	Identifying a transgenic plant comprises contacting with a priming matrix a seed population having in its genome a DNA construct comprising a promoter, recombination sites, and selection marker that confers resistance to a selective agent	1	50～60	43	失效	—
US9777284B2	201623562Y	2015-12-18	New plant cell useful in preparing plant or transformed seed for producing polymer and bioplastic, has first nucleotide sequence of interest flanked by first and second recombination site stably incorporated into plant cell genome	2	40～50	0	有效	2026-10-25

第 5 章 小麦分子育种高质量专利态势分析

创新是引领发展的第一动力，是加快建设现代化经济体系的战略支撑。高质量专利是指具有较强前瞻性，能够引领产业发展，具有较强市场价值的核心专利。只有在关键性技术、颠覆性技术等前沿领域拥有高质量专利，才能在现代化建设中拥有核心竞争力。近年来，我国专利申请量已连续多年居世界首位，PCT 专利的申请量也居世界前列，但在专利质量、专利保护、专利布局等方面仍存在短板，存在“大而不强、多而不优”的问题。因此，重视高质量专利的培育，打通知识产权创造、运用、管理全链条，是推动我国专利从“数量优势”到“质量取胜”转型的关键。

截至 2020 年 12 月 20 日，共检索到全球小麦分子育种领域 7566 项专利家族，经 DWPI 同族专利扩充后得到 39155 件同族专利，其中 TOP10% 专利的 Innography 专利强度在 60 分以上，因此本章将 Innography 专利强度≥ 60 分的专利定义为高质量专利。专利强度≥ 60 分的高质量专利有 3673 件，下面将以这部分专利为研究对象，对高质量专利年份趋势、专利强度分布、高质量专利国家 / 地区、主要产业主体、技术布局及失效高质量专利进行探究，分析小麦分子育种领域高质量专利的现状，为我国提升专利质量和竞争力提供参考。

5.1 全球高质量专利申请趋势

图 5.1 展示了全球小麦分子育种领域高质量专利年份趋势，2000—2013 年出现了高质量专利产出的高峰。高质量专利最早出现于 1984 年，这 3 件高质量专利均由 MGI 医药公司申请，分别为：US6222100B1 “Growing plants resistant to herbicide involves cultivating plant containing acetohydroxyacid synthase which is resistant to inhibition by herbicide at concentration which inhibits enzyme activity before alteration”，培养具有抗除草剂性能的小麦等谷物，专利强度为 92 分；US6211438B1 “ New monocotyledonous plants resistant to imidazolinone or sulfonamide herbicides have altered acetohydroxyacid synthase enzymes”，该专利同样也与培养谷物抗除草剂特性有关，专利强度为 93 分；US6211439B1 “ Monocotyledonous seed for growing plants, especially cereals, resistant to acetohydroxyacid synthase

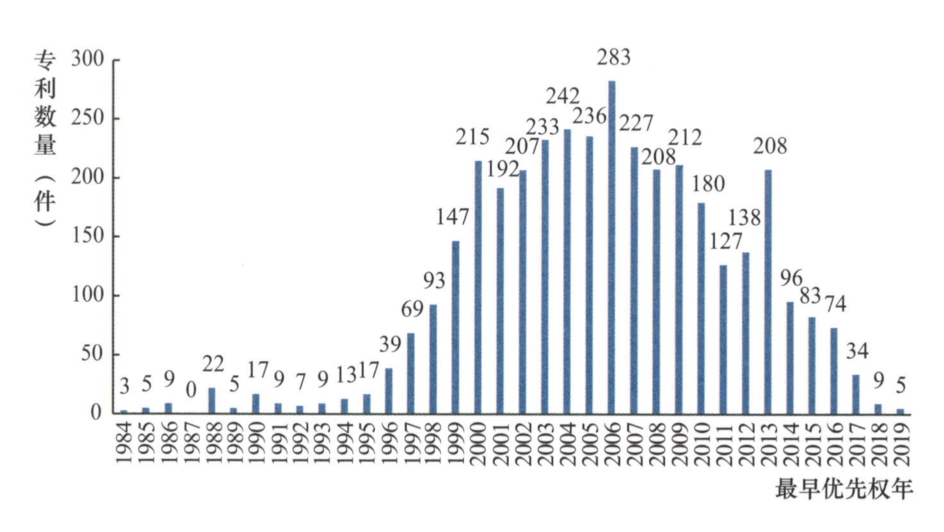

图 5.1 全球小麦分子育种领域高质量专利年份趋势

inhibiting herbicides, contains altered acetohydroxyacid synthase to provide resistance ”，培养具有抗对乙酰羟基酸合成酶抑制除草剂抗性的小麦等谷物，该专利涉及诱变育种和转基因技术，专利强度为 92 分。

5.2　高质量专利国家 / 地区分布

图 5.2 为全球小麦分子育种高质量专利来源国家 / 地区分布。美国是拥有高质量专利最多的国家，共有高质量专利 2850 件，是排名第二的欧洲（314 件）9 倍多，可见美国在小麦分子育种领域的专利质量较高，具有较大的影响力和技术优势。中国在该领域的高质量专利有 151 件。

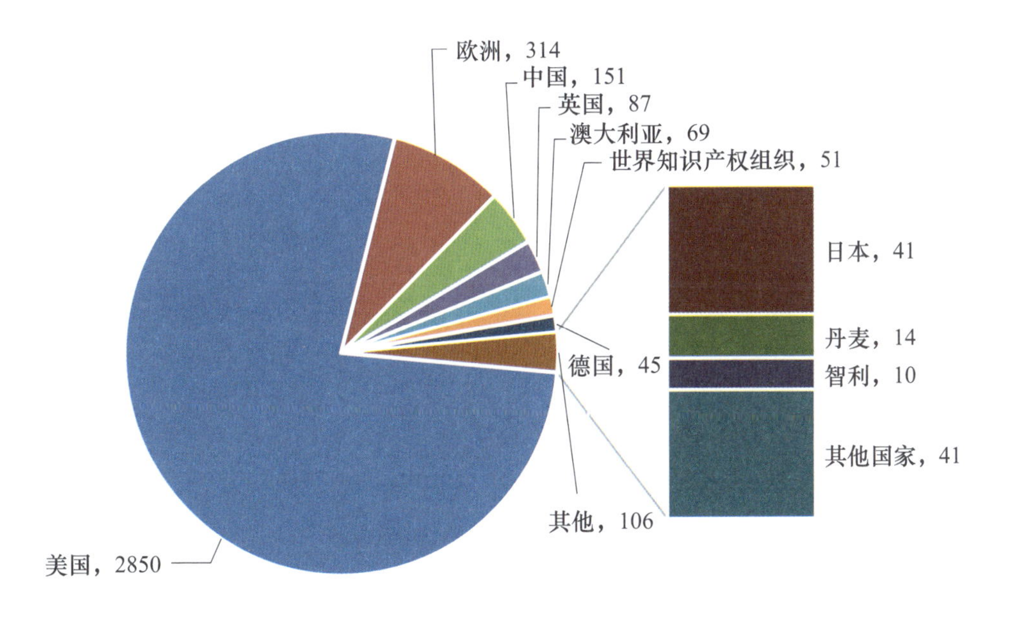

图 5.2　全球小麦分子育种高质量专利来源国家 / 地区分布（单位：件）

全球小麦分子育种高质量专利主要来源国家 / 地区专利强度分布如图 5.3 所示，高质量专利主要来源国家 / 地区的专利强度大多集中在 60 ～ 70 分及 70 ～ 80 分，美国拥有专利强度 90 ～ 100 分的专利最多，为 274 件。中国的高质量专利中，专利强度在 60 ～ 70 分的有 89 件，70 ～ 80 分的有 45 件，80 ～ 90 分的有 12 件，90 ～ 100 分的有 5 件，这 5 件专利中有 3 件来自北京大北农科技集团股份有限公司，1 件来自华南农业大学，1 件由北京凯拓迪恩生物技术研发中心与杜邦公司联合申请。

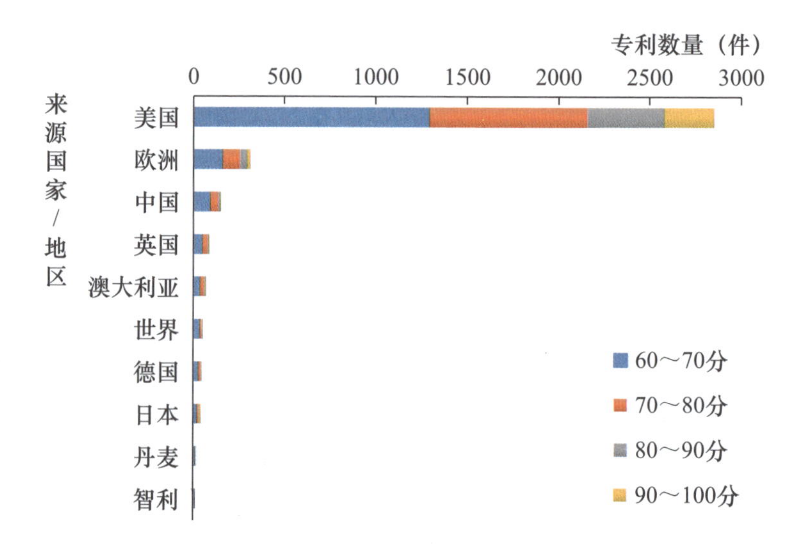

图 5.3　全球小麦分子育种高质量专利主要来源国家 / 地区专利强度分布

图 5.4 为全球小麦分子育种高质量专利布局情况。美国是高质量专利的主要技术流向地，欧洲、英国、澳大利亚、世界知识产权组织、德国、日本等国家 / 地区均在美国布局了相当数量的高质量专利，将核心技术输出到海外进行知识产权的保护并占领市场。

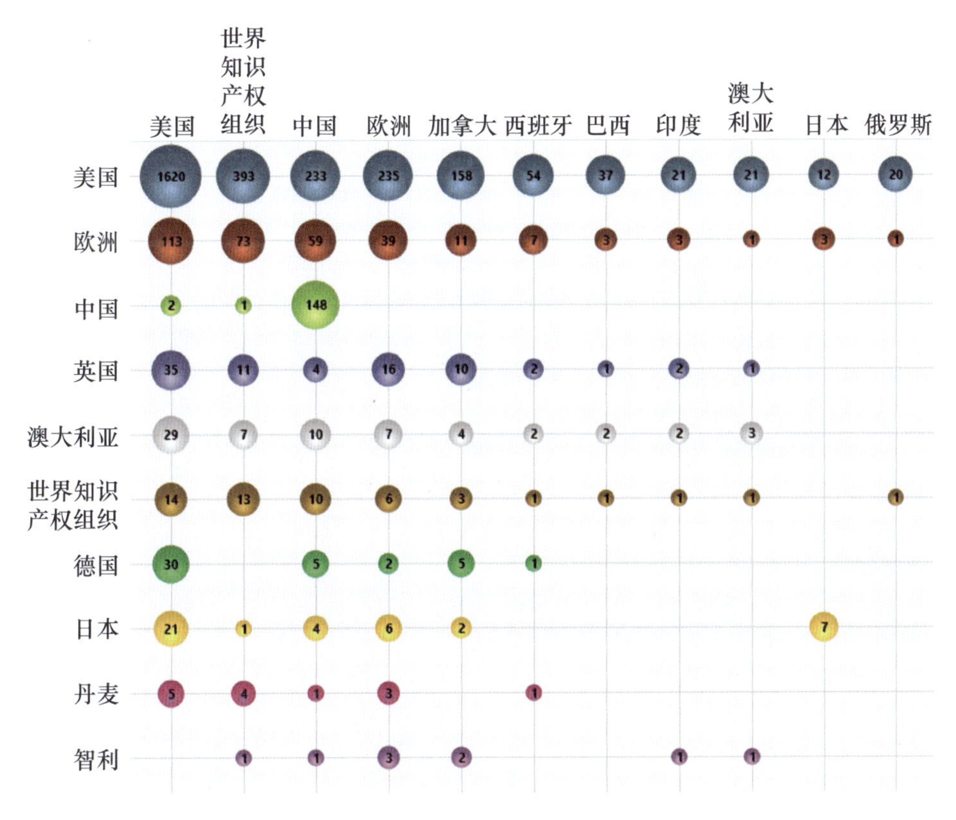

图 5.4　全球小麦分子育种高质量专利布局情况

5.3　高质量专利主要产业主体分析

图 5.5 为全球小麦分子育种高质量专利主要产业主体。全球高质量专利主要来自巴斯夫公司、杜邦公司、孟山都公司、先正达公司、拜耳作物科学等国际农化巨头企业，这些企业掌握了大量小麦分子育种的核心技术。中国的产业主体中，北京大北农科技集团股份有限公司拥有 28 件高质量专利，中国科学院遗传与发育生物学研究所拥有 14 件高质量专利，中国农业科学院作物科学研究所拥有 10 件高质量专利，与国际企业相比，还有较大差距，应注意捕捉技术空白点，重视高质量专利的申请与布局。

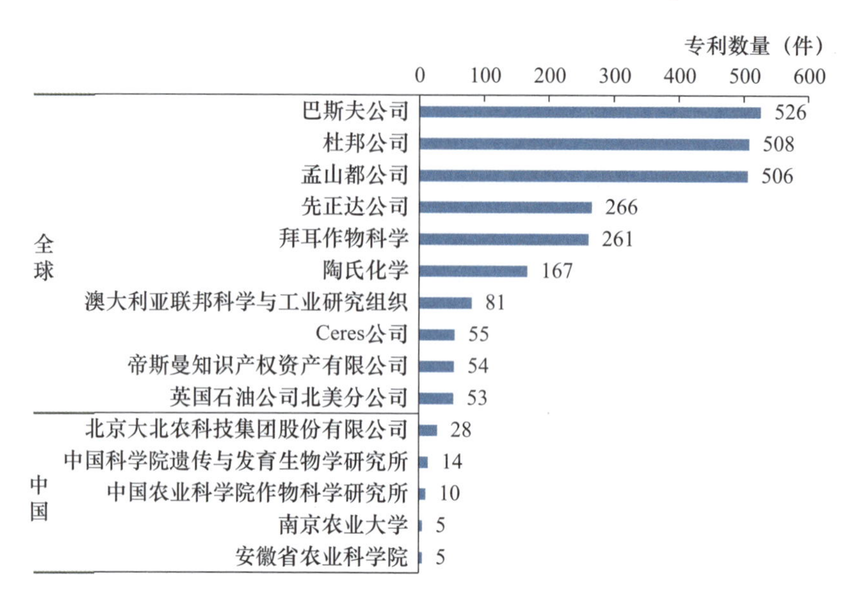

图 5.5　全球小麦分子育种高质量专利主要产业主体

全球小麦分子育种高质量专利产业主体年份趋势如图 5.6 所示。从图 5.6 中可以看出，大部分产业主体的高质量专利是在 2006 年前后申请的，巴斯夫公司、杜邦公司、孟山都公司高质量专利数量优势明显。

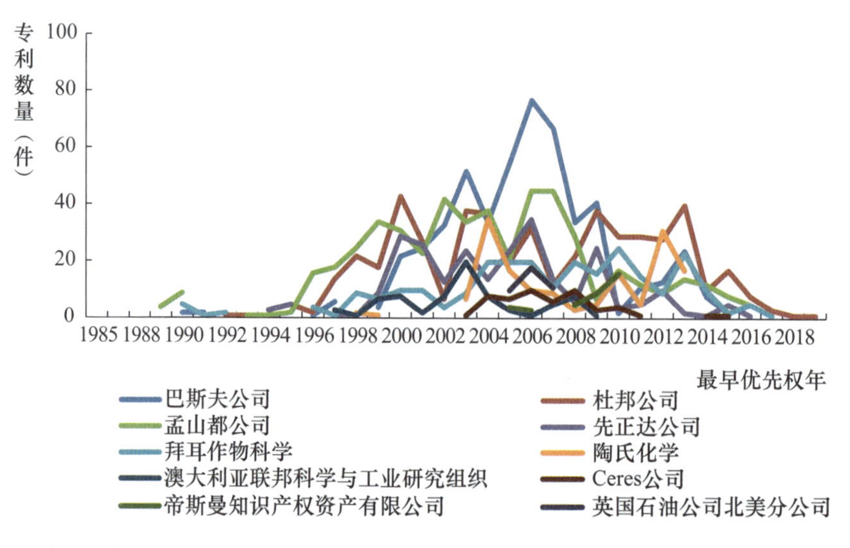

图 5.6　全球小麦分子育种高质量专利产业主体年份趋势

从中国小麦分子育种高质量专利产业主体年份趋势来看（见图 5.7），2013 年是各产业主体高质量专利的申请高峰，北京大北农科技集团股份有限公司在 2016 年又迎来第二个高质量专利申请高峰，产出高质量专利 9 件。

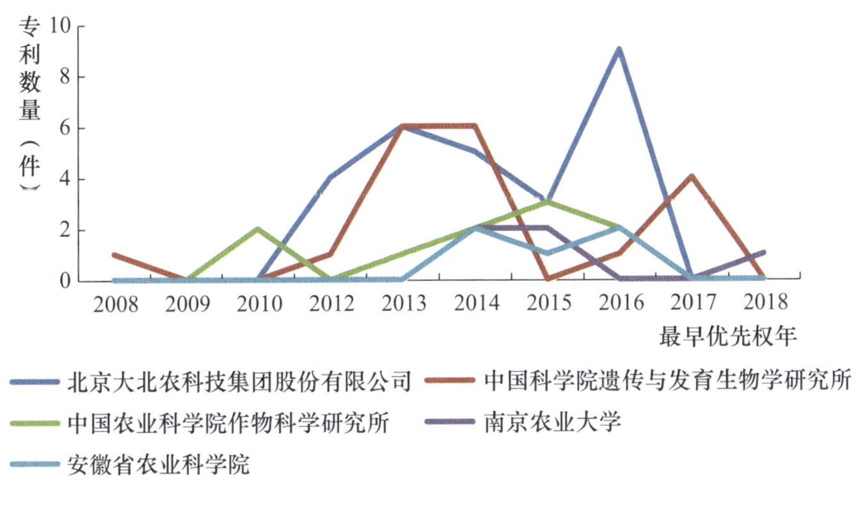

图 5.7　中国小麦分子育种高质量专利产业主体年份趋势

5.4　高质量专利主要技术分布

图 5.8 为全球小麦分子育种高质量专利的技术应用布局。在技术分类中，转基因技术是小麦分子育种高质量专利中布局最多、最受关注的技术，专利数量为 2902 件。其次是载体构建，高质量专利数量为 814 件，诱变育种（418 件）和分子标记辅助选择（416 件）也分布了较多的高质量专利。目前，分子设计育种的高质量专利数量较少，是需要被重视的技术空白领域。在应用分类方面，优质高产方面的高质量专利数量为 1135 件，抗虫方面的高质量专利数量为 1034 件，是关键技术的聚焦点，营养高效方面的高质量专利数量较少，目前为 206 件。

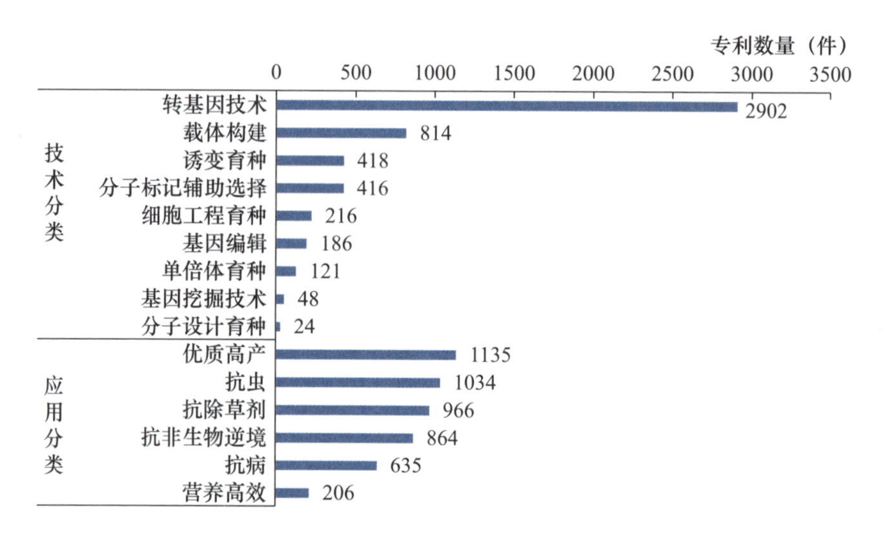

图 5.8　全球小麦分子育种高质量专利的技术应用布局

表 5.1 为全球小麦分子育种高质量专利各技术分类布局情况。除单倍体育种外，美国和欧洲是各技术高质量专利的主要来源地，其中美国拥有更多的关键育种技术。中国在转基因技术、分子标记辅助选择、细胞工程育种、基因编辑、单倍体育种、基因挖掘技术和分子设计育种领域拥有一定数量的高质量专利。可以看出，各技术的主要产业主体均为国际大型企业。

表 5.1　全球小麦分子育种高质量专利各技术分类布局情况

技术分类	专利数量（件）	主要来源国家 / 地区	主要产业主体
转基因技术	2902	美国 [2549]； 欧洲 [298]； 中国 [117]	巴斯夫公司 [483]； 孟山都公司 [430]； 杜邦公司 [400]
载体构建	814	美国 [597]； 欧洲 [102]； 英国 [22]	杜邦公司 [128]； 巴斯夫公司 [127]； 孟山都公司 [76]
诱变育种	418	美国 [340]； 欧洲 [55]； 英国 [8]	巴斯夫公司 [217]； 先正达公司 [88]； 英国石油公司北美分公司 [51]

（续表）

技术分类	专利数量（件）	主要来源国家 / 地区	主要产业主体
分子标记辅助选择	416	美国 [276]； 欧洲 [71]； 中国 [32]	杜邦公司 [93]； 巴斯夫公司 [65]； 孟山都公司 [48]
细胞工程育种	216	美国 [201]； 中国 [6]； 欧洲 [3]	巴斯夫公司 [155]； 先正达公司 [62]； 英国石油公司北美分公司 [10]
基因编辑	186	美国 [167]； 中国 [8]； 欧洲 [6]	杜邦公司 [61]； Sangamo Therapeutics 公司 [26]； 陶氏化学 [9]
单倍体育种	121	美国 [112]； 中国 [6]； 世界知识产权组织 [2]	孟山都公司 [59]； 杜邦公司 [20]； 萨斯喀彻温大学 [7]
基因挖掘技术	48	美国 [43]； 中国 [3]； 欧洲 [2]	孟山都公司 [22]； 杜邦公司 [12]； 默沙东公司 [3]； Rosetta Inpharmatics 公司 [3]
分子设计育种	24	美国 [18]； 中国 [4]； 欧洲 [2]	孟山都公司 [7]； 希伯来大学 [4]

5.5　失效高质量专利分析

失效专利的价值并不随着其失去法律保护而减少，相反，失效专利是一种极其重要的资料。

失效专利通常意味着这项专利不受法律保护，使用该专利不会侵犯他人的专利权。因此专利失效后，各产业主体可以通过各种方式获取失效专利，为自己所用。不少失效专利其实都暗藏着许多经济利益。

全球小麦分子育种 3673 件高质量专利中，有 209 件专利的法律状态不明确，1928 件为有效专利，1536 件为失效专利。图 5.9 为失效高质量专利年份趋势。2000 年产出 113 件失效高质量专利，2007 年产出 110 件失效高质量专利，是失效高质量专利产出的高峰年份，大多数专利涉及转基因技术和载体构建。

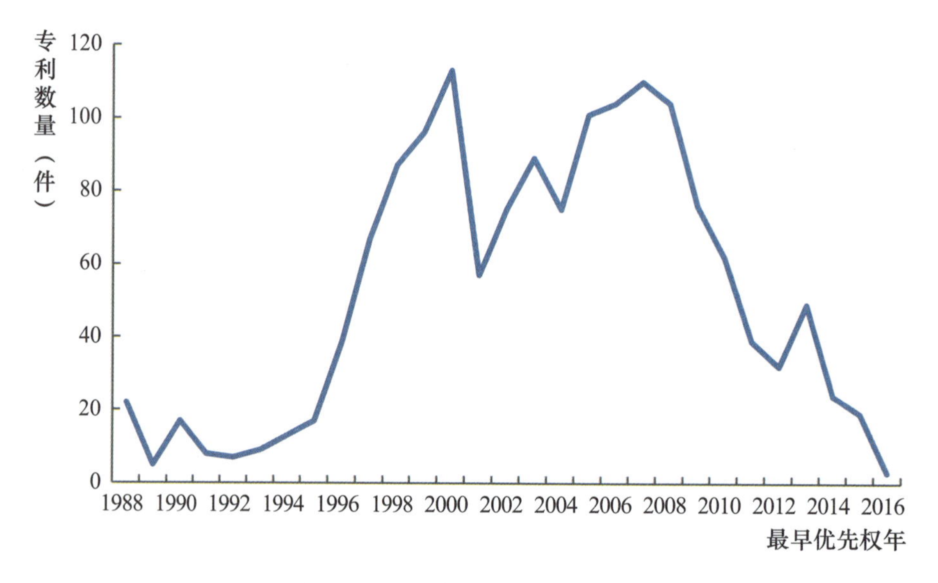

图 5.9　失效高质量专利年份趋势

图 5.10 展示了失效高质量专利原因分布。30% 的专利失效原因为 PCT 指定期满，24% 的专利失效原因为专利申请公布后撤回，23% 的专利因为未缴年费而失效，15% 的专利因为专利期限届满失效，以上为小麦分子育种失效高质量专利的主要失效原因。另有少部分专利因为 PCT 未进入指定国、实质审查、驳回、权利终止、放弃、全部撤销等失去法律保护。

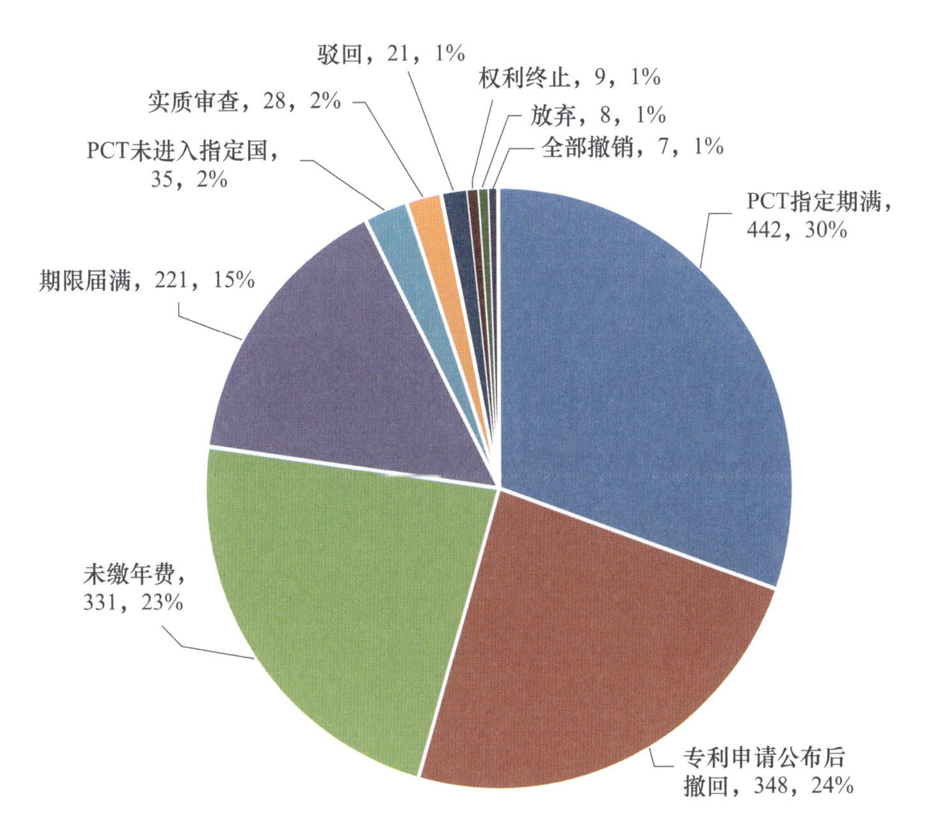

图 5.10 失效高质量专利原因分布

第6章 小麦分子育种全球论文态势分析

本章以小麦分子育种的科技论文为研究对象，分析相关论文产出趋势、来源国家和机构分布、高质量论文来源并挖掘领域研究热点，帮助相关科研人员和管理人员了解该技术的全球发展现状，掌握研究热点和方向，研判发展趋势。

截至2020年11月9日，在SCIE和CPCT-S数据库中共检索到2000—2020年小麦分子育种相关论文40585篇。考虑到数据库收录与论文发表的时间差，2019—2020年的论文数量尚不完整，不能完全代表这两年的趋势。

6.1 论文产出分析

全球及中国小麦分子育种领域年度发文趋势如图6.1所示，无论在全球还是在中国，进入21世纪后，小麦分子育种领域的发文量整体呈现快速发展的趋势。2000年，全球发文量为972篇，美国为当年主要的发文国家，发文量为226篇，占2000年全部发文量的23.52%。2019年，全球发文量为3260篇，中国已成为小麦分子育种研究的主力军，发文量为1058篇，占该年度发文量的32.45%。可见我国在小麦分子育种领域的科研投入不断增加，科研成果大量涌现。

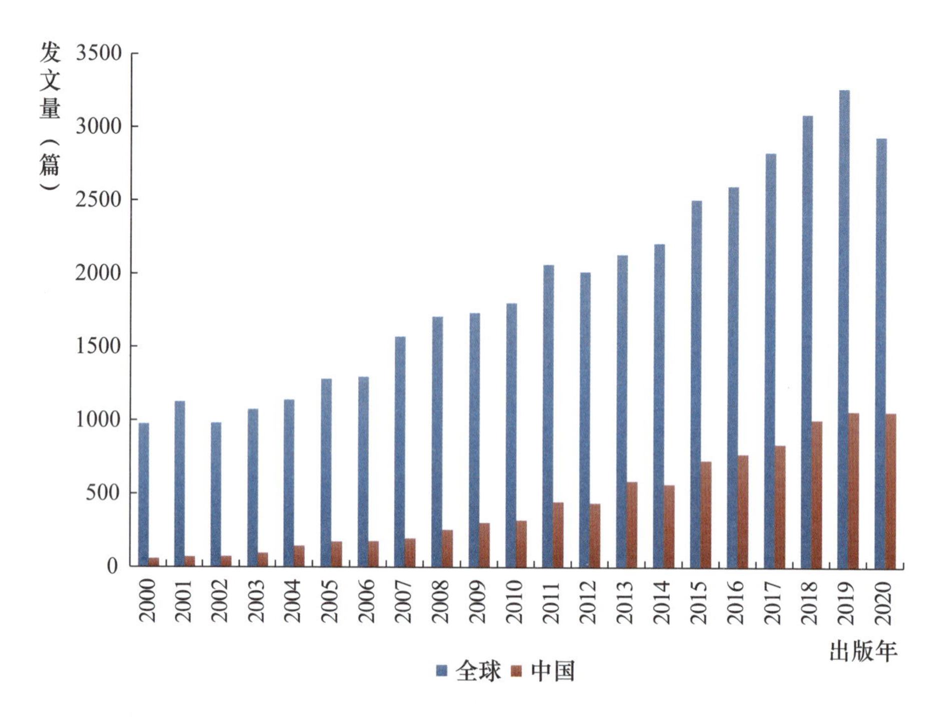

图 6.1　全球及中国小麦分子育种领域年度发文趋势

6.2　主要发文国家分析

图 6.2 为全球小麦分子育种领域发文主要来源国家分布，中国（9365 篇）在发文量上拥有绝对优势，其次为美国（7781 篇）、澳大利亚（3543 篇）、印度（3220 篇）、德国（2300），这些均为农业大国和生物技术较为发达的国家。

全球小麦分子育种领域 TOP5 国家发文趋势如图 6.3 所示，可以看出，中国自 2010 年起在本领域的发展极为迅速，2010 年后的发文速度显著加快，发文量远高于其他国家，且保持持续增长的态势。2010 年前美国的发文量排名世界第一，增长速度处于较平稳的状态。其他 3 个国家每年的发文量均在 200 篇以下。

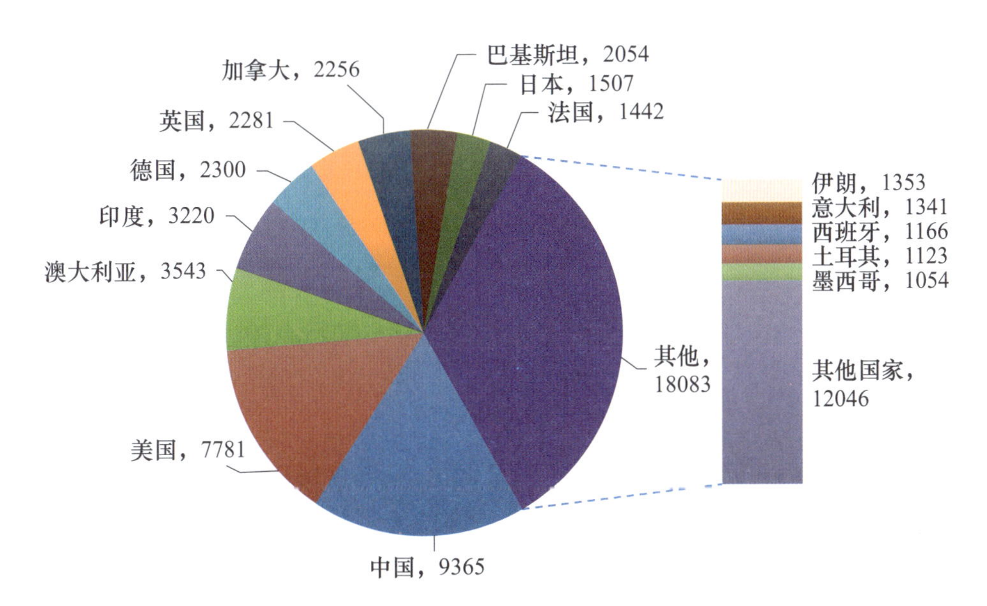

图 6.2　全球小麦分子育种领域发文主要来源国家分布（单位：篇）

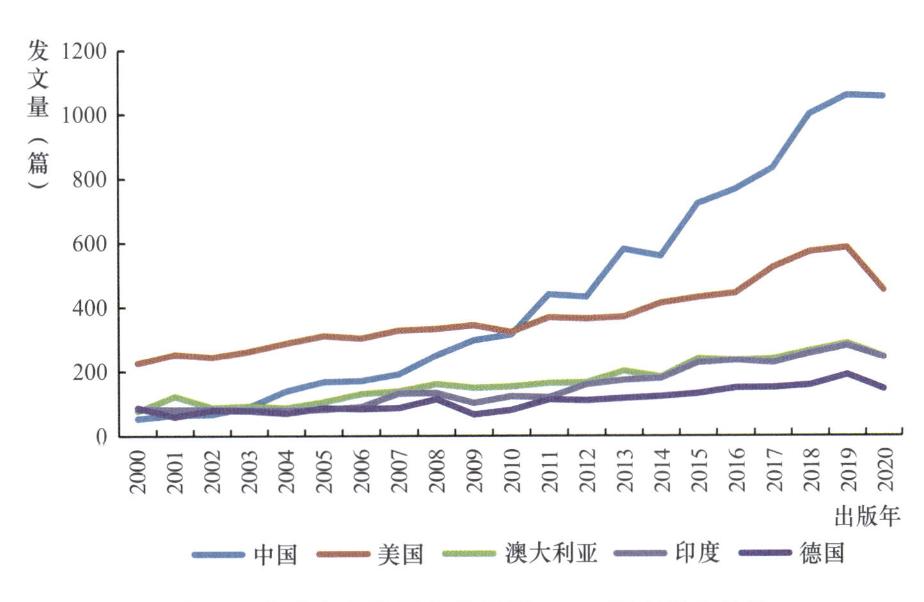

图 6.3　全球小麦分子育种领域 TOP5 国家发文趋势

表 6.1 为全球小麦分子育种各技术领域发文量 TOP3 国家。从表 6.1 中可以看出，除分子设计育种和基因挖掘技术的主要技术来

源国家为美国外，中国在其他技术领域的发文量均排名第一，特别是在细胞工程育种、载体构建和转基因技术领域的技术优势明显。

表 6.1　全球小麦分子育种各技术领域发文量 TOP3 国家

技术分类	国家	发文量（篇）	技术分类	国家	发文量（篇）
单倍体育种	中国	307	细胞工程育种	中国	524
	美国	290		美国	271
	澳大利亚	289		日本	103
分子标记辅助育种	中国	2279	诱变育种	中国	328
	美国	1962		美国	328
	澳大利亚	757		英国	162
分子设计育种	美国	184	载体构建	中国	610
	德国	76		美国	282
	墨西哥	73		日本	131
基因编辑	中国	157	转基因技术	中国	1574
	美国	125		美国	1084
	英国	44		英国	427
基因挖掘技术	美国	292	—		
	中国	127			
	澳大利亚	89			

表 6.2 为全球小麦分子育种领域发文量 TOP10 国家，分别采用全部作者发文量和第一作者发文量统计。中国的全部作者发文量和第一作者发文量均排名第一，说明我国的相关科研产出大部分是以我国科研机构为主导的，对创新性科研结果的贡献较大。美国的全部作者发文量和第一作者发文量排名第二。巴基斯坦的全部作者发文量虽然仅排名第八，但其第一作者发文量排名第五，说明巴基斯坦的学者在该领域也投入了大量的科研精力。

表 6.2　全球小麦分子育种领域发文量 TOP10 国家

排名	全部作者国家	全部作者发文量（篇）	第一作者国家	第一作者发文量（篇）
1	中国	9365	中国	8444
2	美国	7781	美国	5421
3	澳大利亚	3543	印度	2803
4	印度	3220	澳大利亚	2402
5	德国	2300	巴基斯坦	1669
6	英国	2281	加拿大	1640
7	加拿大	2256	德国	1448
8	巴基斯坦	2054	英国	1323
9	日本	1507	伊朗	1167
10	法国	1442	日本	1160

6.3　主要发文机构分析

全球小麦分子育种领域发文量 TOP20 机构如图 6.4 所示，TOP20 机构来自中国、美国、加拿大、澳大利亚、墨西哥、印度巴基斯坦和法国。从全部作者发文量来看，美国农业部农业研究院发文量排名第一（2002 篇），中国科学院排名第二（1538 篇），中国农业科学院排名第三（1479 篇）。从第一作者发文量来看，排名前 3 位的均为我国科研院校，分别为中国科学院（902 篇）、西北农林科技大学（883 篇）、中国农业科学院（868 篇）。

TOP20 机构总发文量为 14805 篇，占全部发文量的 36.78%，说明小麦分子育种领域的技术布局比较分散，TOP20 机构之外的大量机构也开展了相关的研究。同时，TOP20 机构与其他机构之间存在大量的合作发文情况。

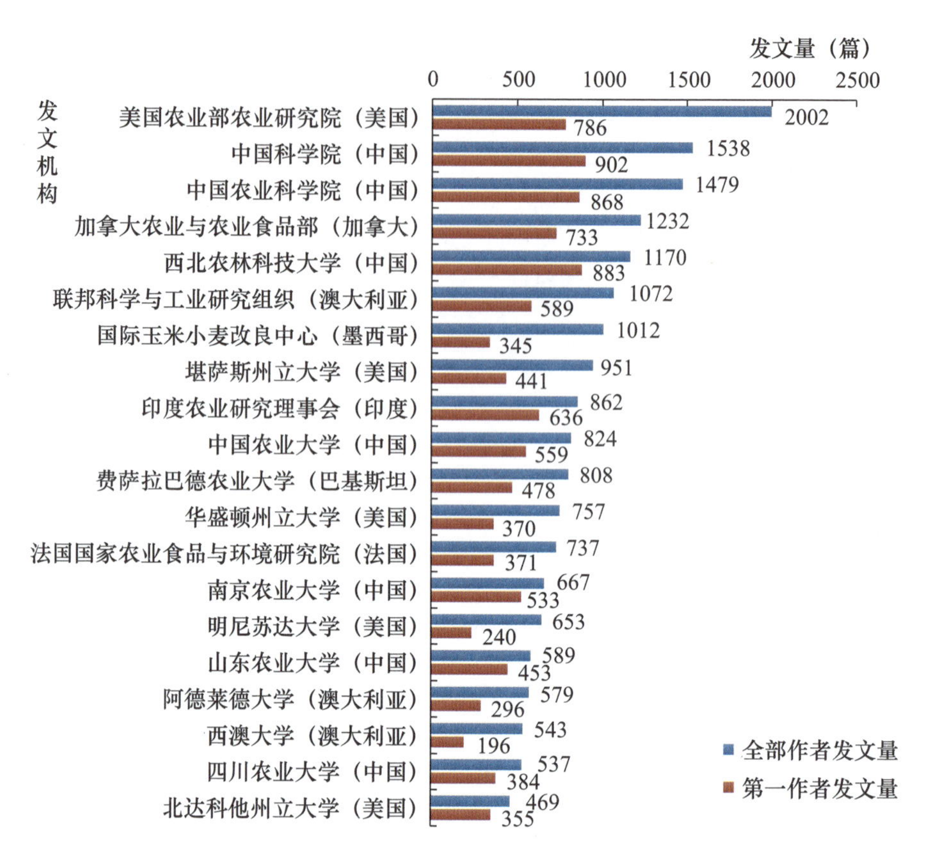

图 6.4　全球小麦分子育种领域发文量 TOP20 机构

图 6.5 为全球小麦分子育种领域发文量 TOP10 机构发文趋势，从中可以看出，美国农业部农业研究院从 2008 年开始发文量有了较大提升，之后发文量稳步增长，可见美国农业部农业研究院作为世界顶尖的科研机构，在科研创新方面处于领先地位。相对于海外机构来说，中国科研机构的发文量增长较快，2005 年以前的年均发文量在 10 篇左右，2014 年后发展至年均 100 篇左右。

表 6.3 为全球小麦分子育种各技术领域发文量 TOP3 机构。单倍体育种的优势机构主要是加拿大农业与农业食品部、美国农业部农业研究院和澳大利亚联邦科学与工业研究组织，分子标记辅助育种发文最多的机构是美国农业部农业研究院，分子设计育种主要发

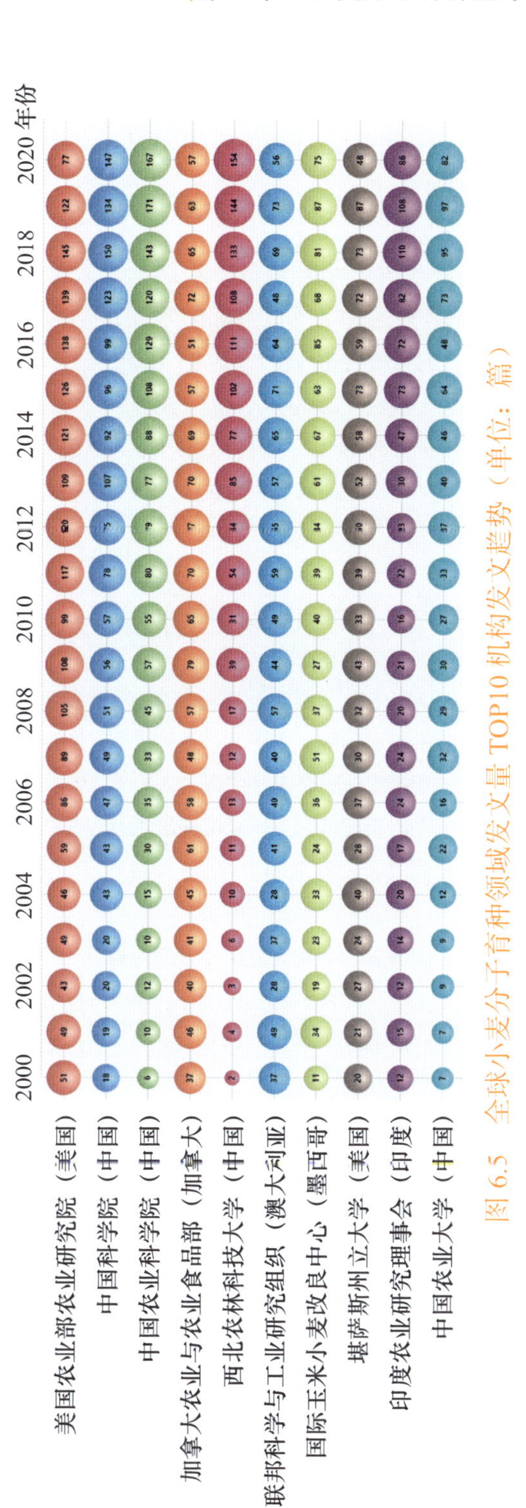

图6.5 全球小麦分子育种领域发文量TOP10机构发文趋势（单位：篇）

文机构是国际小麦玉米改良中心。我国机构在基因编辑、细胞工程育种、诱变育种、载体构建和转基因技术领域的发文量优势较明显，可见这些技术是我国研究与开发的重点。

表 6.3　全球小麦分子育种各技术领域发文量 TOP3 机构

技术分类	机构	发文量（篇）
单倍体育种	加拿大农业与农业食品部（加拿大）	125
	美国农业部农业研究院（美国）	88
	联邦科学与工业研究组织（澳大利亚）	84
分子标记辅助育种	美国农业部农业研究院（美国）	648
	中国农业科学院（中国）	544
	国际小麦玉米改良中心（墨西哥）	331
分子设计育种	国际小麦玉米改良中心（墨西哥）	72
	堪萨斯州立大学（美国）	46
	美国农业部农业研究院（美国）	43
基因编辑	中国科学院（中国）	47
	中国农业科学院（中国）	32
	美国农业部农业研究院（美国）	23
基因挖掘技术	美国农业部农业研究院（美国）	434
	中国农业科学院（中国）	323
	国际玉米小麦改良中心（墨西哥）	239
细胞工程育种	中国农业科学院（中国）	103
	四川农业大学（中国）	102
	中国科学院（中国）	99
诱变育种	中国科学院（中国）	71
	美国农业部农业研究院（美国）	70
	中国农业科学院（中国）	61
载体构建	西北农林科技大学（中国）	110
	中国科学院（中国）	83
	中国农业科学院（中国）	64
转基因技术	中国农业科学院（中国）	268
	美国农业部农业研究院（美国）	246
	中国科学院（中国）	233

6.4　技术功效分析

图 6.6 为全球小麦分子育种领域发文的技术应用分布。在技术分类方面，分子标记辅助选择是小麦育种发文量最多也是最受关注的技术，发文量为 8207 篇。转基因技术和基因挖掘技术发文量也较多，分别为 5257 篇和 4274 篇。目前，基因编辑和分子设计育种的发文量较少，可能是近些年兴起的热点技术，应注重新技术的发展，及时捕捉技术空白点。在应用分类方面，生物技术应用最多的是培育优质高产的小麦品种，着力提升小麦质量及单位面积产量；提高小麦抗非生物逆境及抗病特性也是应用的重点；抗除草剂领域的发文量相对较少。

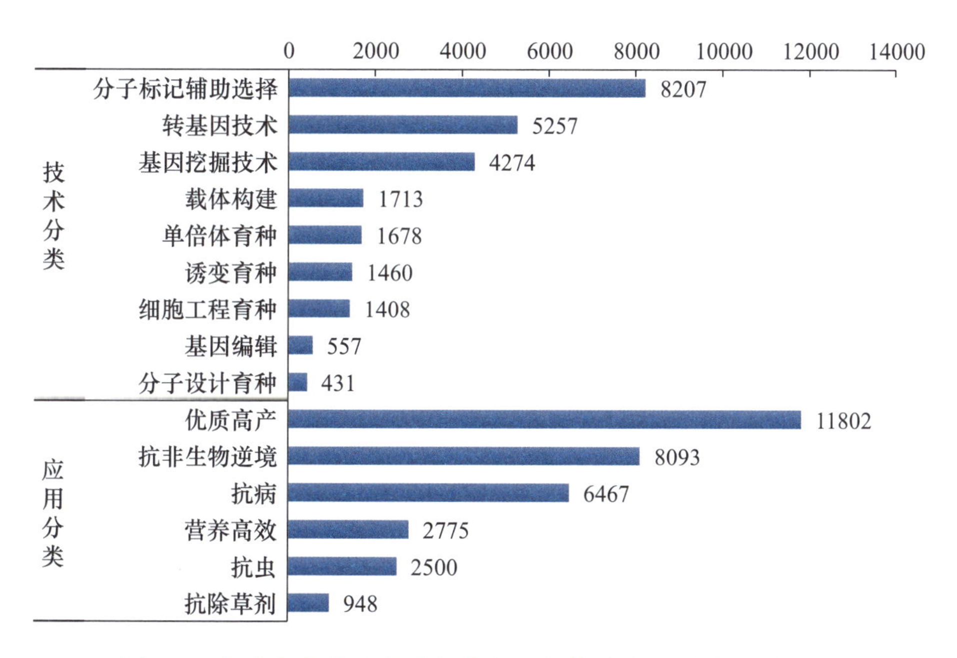

图 6.6　全球小麦分子育种领域发文的技术应用分布（单位：篇）

图 6.7 为全球小麦分子育种领域各技术分类发文年份趋势。分子标记辅助选择发文量一直领先于其他技术，整体呈上升趋势。转基因技术和基因挖掘技术也是小麦分子育种的主流技术，基因挖掘技术在 2013 年后发文量增长较快。此外，基因编辑技术虽然是 2010 之后才出现的创新性生物技术，但迅速成为研究热点，2016 年后发文量迅速增长，2018 年后发文量超过单倍体育种、细胞工程育种和分子设计育种。

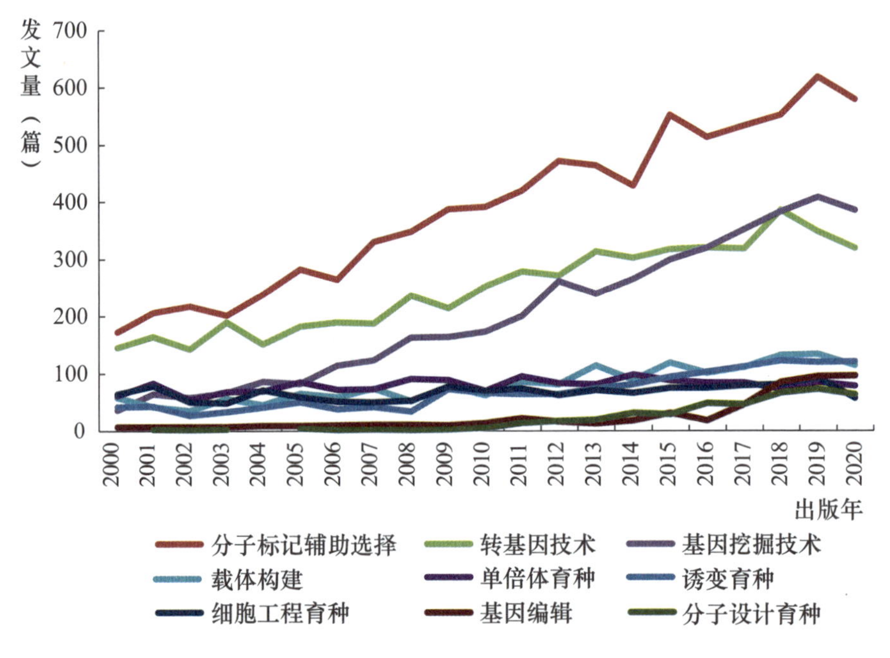

图 6.7 全球小麦分子育种领域各技术分类发文年份趋势

图 6.8 展示了全球小麦分子育种领域各应用分类发文年份趋势。优质高产发文量整体走高，高于其他应用分类。关于抗非生物逆境的发文量在 2009 年时超过抗病，也成为小麦分子育种领域关注度较高的应用领域。

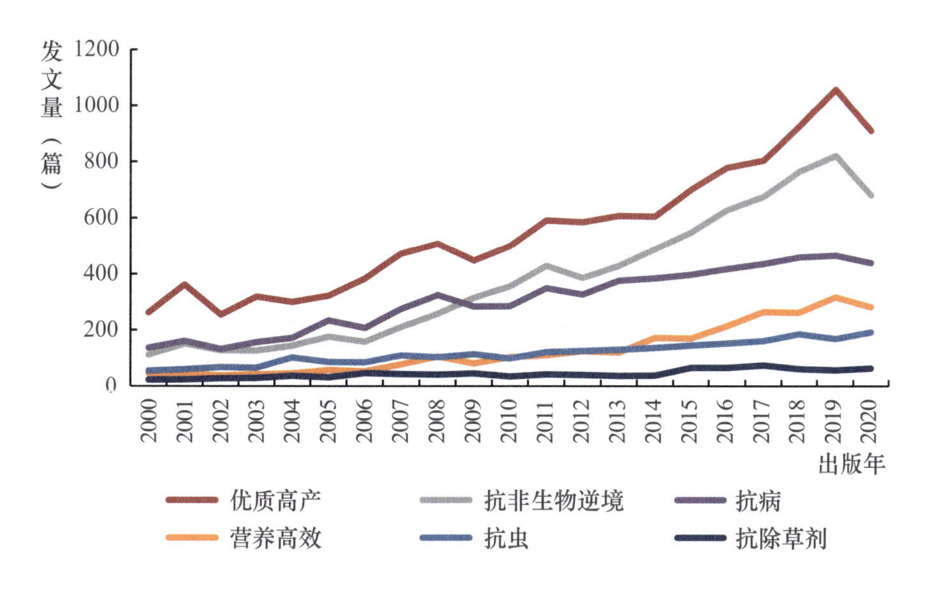

图 6.8　全球小麦分子育种领域各应用分类发文年份趋势

图 6.9 为全球小麦分子育种领域技术功效矩阵，可以看出分子标记辅助选择为当前最热门的技术，功能效果最多体现在提高小麦的抗病特性，其次是提升小麦质量与产量及提高抗非生物逆境特性。此外，利用转基因技术提高小麦的抗非生物逆境及利用基因挖掘技术提高小麦抗病特性方面的论文也较多，均在 1000 篇以上。作为新的热门技术，基因编辑主要用于提高小麦抗非生物逆境和抗病特性，而分子设计育种主要用于优质高产小麦的培育。在提高小麦质量和产量及提升抗病特性方面，主要应用分子标记辅助选择和基因挖掘技术，提升抗非生物逆境特性主要应用转基因技术，这些技术为当前研究的重点，需给予高度关注。

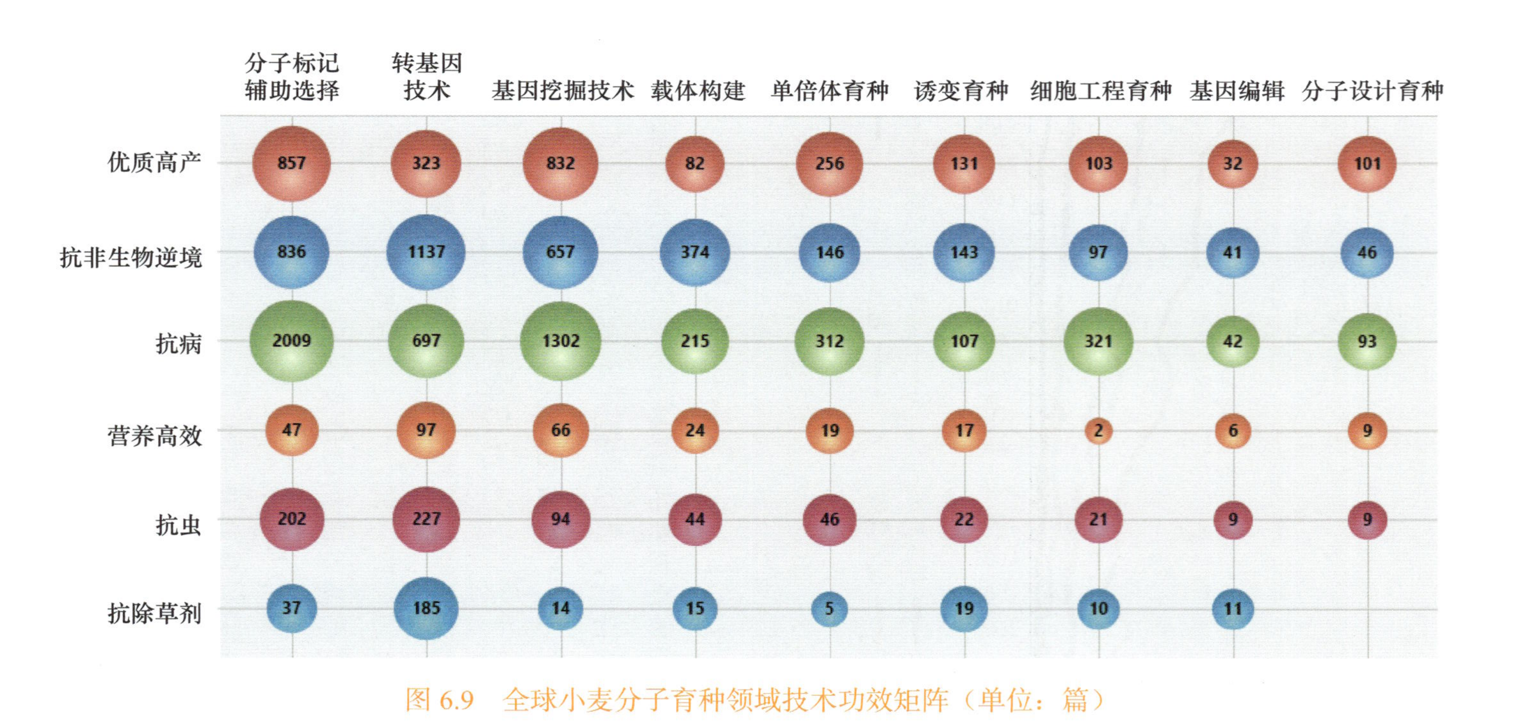

图 6.9 全球小麦分子育种领域技术功效矩阵（单位：篇）

6.5　高质量论文分析

本次分析的高质量论文包括高被引论文和热点论文：将超过全球小麦分子育种论文被引次数基线的论文定义为高被引论文；将在该领域最近两年发表的论文被引次数超过被引次数基线的论文定义为热点论文。

本次检索到全球小麦分子育种领域共发表论文 40585 篇，在 Web of Science 核心合集中共被引用 1006919 次，平均被引次数为 1006919/40585 ≈ 24.81，故定义被引次数 ≥ 25 次的论文为高被引论文，共 10168 篇；该领域 2019—2020 年共发表论文 6192 篇，在 Web of Science 核心合集中共被引用 16857 次，平均被引次数为 16857/6192 ≈ 2.72，故定义 2019—2020 年发表的被引次数 ≥ 3 次的论文为热点论文，共 1746 篇。

6.5.1　高质量论文来源国家分布

本节分别统计了小麦分子育种领域高被引论文和热点论文的来源国家，全球小麦分子育种高被引论文来源国家如图 6.10 所示，该领域高被引论文主要来自美国、中国、澳大利亚、英国、德国等国家，这些国家的论文质量较高，科研成果影响力较大，在该领域处于全球较领先的位置。美国、中国、澳大利亚这 3 个国家的高被引论文总量占全部高被引论文数量的 50.63%。

全球小麦分子育种热点论文来源国家如图 6.11 所示，该领域热点论文绝大部分来自中国，此外，美国、澳大利亚、德国和印度的热点论文也较多，说明这些国家 2019—2020 年的相关科研活动密集，研究处于全球较领先的位置。

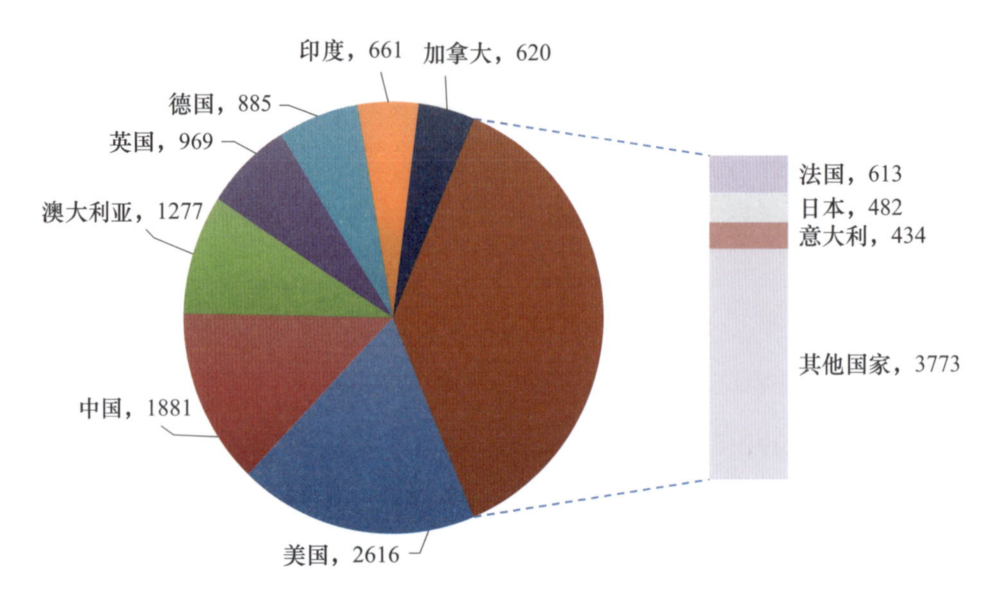

图 6.10　全球小麦分子育种高被引论文来源国家（单位：篇）

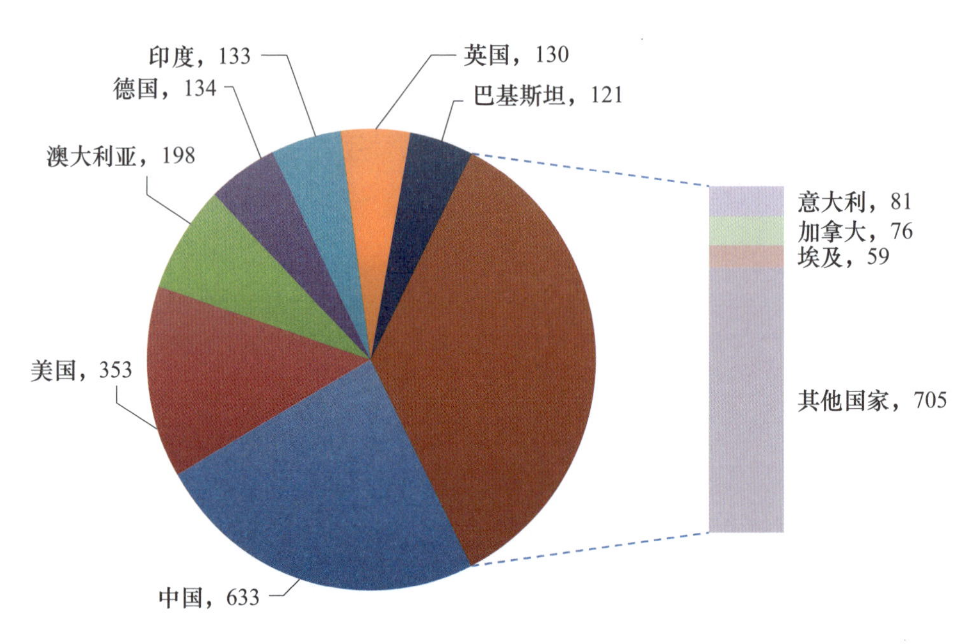

图 6.11　全球小麦分子育种热点论文来源国家（单位：篇）

6.5.2　高质量论文发文机构分布

表 6.4 列出了全球小麦分子育种高被引论文与热点论文发文机构。高被引论文发文机构来自澳大利亚、中国、美国、加拿大、法国和墨西哥。澳大利亚的联邦科学与工业研究组织高被引论文数量最多（283 篇），中国科学院（227 篇）和美国农业部农业研究院（227 篇）并列第二。热点论文发文机构除印度农学研究理事会、美国堪萨斯州立大学和华盛顿州立大学外，其余均为中国机构，可见我国 2019—2020 年在该领域的发文质量和影响力优势明显。西北农林科技大学热点论文数量最多（74 篇），中国农业科学院排名第二（60 篇），中国农业大学排名第三（43 篇）。

表 6.4　全球小麦分子育种高被引论文与热点论文发文机构

序号	高被引论文发文机构	发文量（篇）	热点论文发文机构	发文量（篇）
1	联邦科学与工业研究组织（澳大利亚）	283	西北农林科技大学（中国）	74
2	中国科学院（中国）	227	中国农业科学院（中国）	60
3	美国农业部农业研究院（美国）	227	中国农业大学（中国）	43
4	中国农业科学院（中国）	205	中国科学院（中国）	40
5	加拿大农业与农业食品部（加拿大）	184	南京农业大学（中国）	33
6	法国国家农业食品与环境研究院（法国）	166	印度农业研究理事会（印度）	28
7	堪萨斯州立大学（美国）	155	堪萨斯州立大学（美国）	26
8	国际玉米小麦改良中心（墨西哥）	136	四川农业大学（中国）	25
9	南京农业大学（中国）	134	山东农业大学（中国）	24
10	西北农林科技大学（中国）	130	华盛顿州立大学（美国）	19

6.5.3 高质量论文研究热点分析

本书基于全球小麦分子育种高质量论文的 11880 篇论文的全部关键词（作者关键词与从 Web of Science 数据库提取的关键词），基于关键词共现原理，利用 VOSviewer 软件对该领域的主题聚类进行挖掘。

小麦分子育种高质量论文研究热点聚类如图 6.12 所示，每个颜色代表一个聚类，可见小麦分子育种高质量论文呈现 5 个聚类，其中 3 个聚类较为庞大，研究热度较高。第一个为红色聚类：以小麦及小麦品种（wheat、barly、bread wheat）为中心，与基因（gene）、识别（identification）、种群（population）、多样性（diversity）、农艺

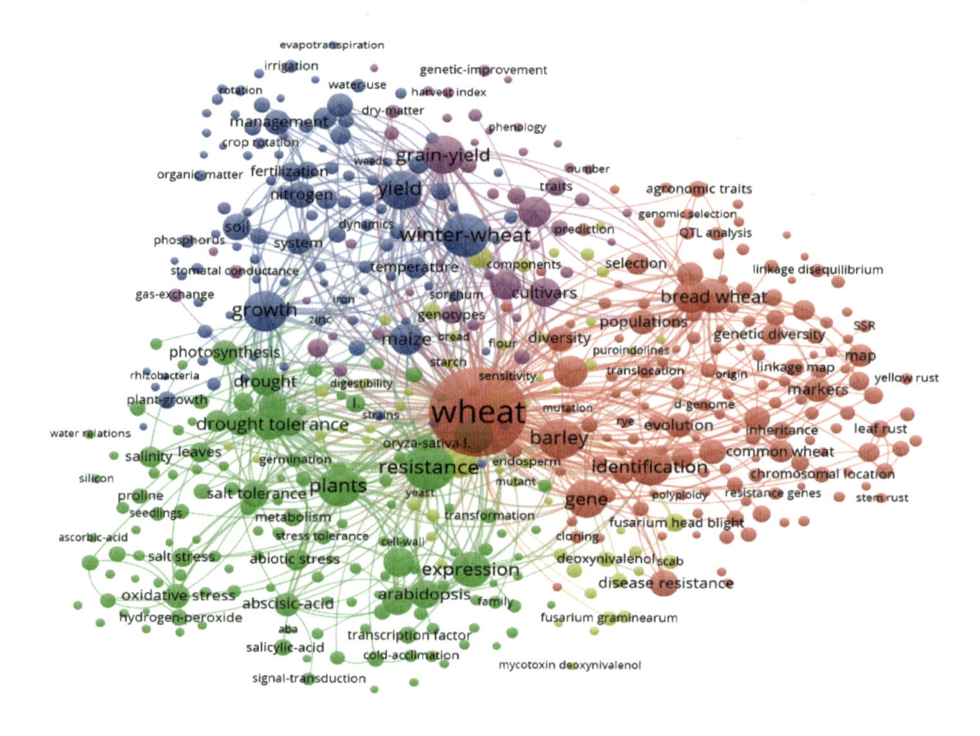

图 6.12 小麦分子育种高质量论文研究热点聚类

性状（agronomic traits）等关键词共同组成与小麦基因改良、位点识别及农艺性状改变相关的主题，该主题中还涉及 QTL 分析（QTL analysis）、遗传图谱（linkage map）、简单重复序列（SSR）等技术，说明这些技术与改良小麦遗传性状密切相关。第二个为绿色聚类：主要聚焦小麦抗性（resistance）改良，如抗旱（drought tolerance）、耐盐（salt tolerance）、抗非生物逆境（abiotic tolerance）、抗氧化胁迫等（oxidative stress）。第三个为蓝色聚类：主要聚焦小麦相关的生理特性，如产量（yield）、施肥（fertilization）、氮（nitrogen）、温度（temperture）等。

第7章 结论及建议

7.1 知识产权现状总结

全球小麦产业化现状及趋势：全球小麦供需现状方面，2010—2019年，全球小麦收获面积基本维持在较平稳的状态，2015年之后略有下降趋势。在小麦产量和消费量方面，全球小麦产量和消费量总体呈上升趋势；对比小麦收获面积略下降的趋势，说明全球小麦增产不是因为面积的扩大，而是单位面积产量水平有了一定的提升；大部分年份小麦产业呈供大于求的状态，而2012年和2018年曾出现产不足需的情况。欧盟、中国、印度、俄罗斯、美国是全球小麦主要的生产国家/地区，同时也是主要的消费国家/地区。

全球小麦贸易规模方面，长期以来，小麦的国际贸易活动都处于十分活跃的状态，各年份进出口量之间的差距不明显，进出口量整体呈增长趋势。2019年全球小麦进口量为171.94百万吨，比2010年同期增长了29.33%；2019年全球小麦出口量为174.08百万吨，比2010年同期增长了32.64%。发展中国家是小麦主要的进口区域，而这些国家小麦出口量很少，在小麦贸易中过于依赖进口，更容易受到发达国家在国际贸易中主导的经济规则和秩序的制约。埃及、印尼、土耳其、巴西等国家是全球小麦主要的进口国；欧盟、俄罗斯、美国、加拿大等小麦主产地区是较大的小麦出口国家 / 地区，乌克兰、阿根廷两国的小麦出口量也呈上升趋势。

全球小麦生产及贸易情况预测方面，OECD 预测数据显示，2020—2029 年全球小麦产量和消费量均有增长，且处于相对平衡的状态，产量略高于消费量。全球小麦生产和消费格局在短时间内不会有太大改变，发展中国家小麦产量略低于发达国家（发展中国家产量占比约为 48%）；发展中国家仍是小麦消费主要区域（发展中国家消费量占比在 60% 以上）。2020—2029 年，全球小麦贸易形势较稳定，进口量与出口量稳步增长；发展中国家仍是全球小麦进口的重点区域（占比为 80%），出口量仍维持在较低水平（占比为 13%）。

中国小麦供需及贸易现状方面，2010—2019 年，我国小麦产量呈现波动中上升的趋势，产量增长明显，但收获面积在 2016 年之后却下降明显；虽然小麦收获面积下降，但产量仍保持较稳定的状态，表明我国小麦在科学技术的帮助下单位面积产量有较大提升。我国大部分小麦消费为口粮消费，一小部分小麦作为饲料消费和工业消费，对优质小麦的需求不断增加；2016 年后，我国小麦产量趋于稳定，消费量稳步上升，供需处于较平衡的状态。2010—2019 年，我国小麦贸易以进口为主，主要从美国、加拿大和澳大利亚进口；我国优质小麦缺口较大，因此需要借助进口来进行品种调剂，培育更符合营养价值需求、口感更好的优良小麦；我国小麦进口依存度一直处于波动状态，略呈增长态势。2020—2029 年，我国小麦产业供需趋势将呈现 3 个特点：一是收获面积持续下降；二是产量缓慢上升；三是消费量大幅提升，我国小麦产量和消费量的缺口逐渐增大，因此急需提高单位面积产量、扩大种植面积并适当进口小麦以满足国内需求。预计 2020—2029 年我国小麦进口量将逐渐增长，出口量整体变化不大，甚至略有下降。

全球专利数量年份趋势：截至 2020 年 12 月 20 日，小麦分子育种领域全球专利数量总体为 7566 项。无论是全球还是中国，专利数量整体呈现增长态势。1973 年该领域首次有专利产出，1998 年后专利数量增长较快。通过绘制生命周期图可以看出，整个领域发展经历了萌芽期（1994 年以前），随后进入快速发展的成长期（1994—2002 年），转基因小麦的研究逐渐增多，随之迎来成熟期（2003—2005 年），2005 年后，由于分子标记辅助选择、基因编辑、分子设计育种体系的日趋成熟，小麦分子育种迎来一次新的成长期（2006—2017 年），而后随着主流技术日趋成熟进入了疑似的衰退期（2018—2020 年），即将进入新的研发阶段。

全球专利来源国家 / 地区和技术流向：美国和中国是小麦分子育种专利技术的主要来源国家，其专利数量分别为 3528 项、2389 项，共占全部专利数量的 78.21%，分别是排名第三的欧洲专利数量的约 8 倍、约 5 倍。专利数量排名 TOP5 的国家 / 地区中，主要技术均是转基因技术；美国、欧洲、日本和英国 4 个国家 / 地区排在第二位的专利技术均为载体构建，中国排在第二位的专利技术则是分子标记辅助选择。美国是全球最受重视的技术市场。对专利数量 TOP4 国家 / 地区的专利技术流向进行研究发现，日本输出的专利比例最高，有超过 37% 的专利流向了美国、欧洲和中国市场；中国输出专利则非常少，需要引起重视。经统计全球专利的同族和被引情况，美国拥有庞大的专利家族且专利质量仅低于德国，但优于其他国家 / 地区，美国专利篇均被引次数为 5.03 次，而中国相关专利篇均被引次数仅为 1.29 次，专利质量有待提高。对专利数量 TOP10 国家 / 地区专利质量进行对比，发现美国在 10 个分数段拥有的专利数量均最多，且 90 ～ 100 分高价值专利占比高，为 83.28%，影响力大。

全球专利技术和应用分布：研究全球小麦分子育种专利主要技术分布，转基因技术相关专利最多，为4926项，其次是载体构建（1451项）、分子标记辅助选择（997项），其他技术专利数量相对较少。研究全球小麦分子育种专利主要应用分类，优质高产相关专利数量最多，为2502项，排名第二至第六的分别是抗非生物逆境、抗病、抗虫、抗除草剂、营养高效。研究全球小麦分子育种技术功效矩阵，转基因技术是应用最为广泛的技术，在6个育种目标中均是被采用最多的技术，其主要应用于优质高产（1526项）、抗非生物逆境（1344项）、抗虫（1110项）等领域。对全球小麦分子育种技术专利进行文本挖掘和聚类分析，结果显示目前的研究热点和重点应用方向有实时代谢通量分析（real-time metabolic flux analysis）、单粒种子（singulated seed）、害虫防治（pest control）、杂草（weed）、靶位点（target site）、驱动核酸序列的表达（drive expression of the nucleic acid sequence）、雄性不育（male sterile）、产量相关（yield-related）等。

全球主要产业主体：对全球小麦分子育种相关专利进行统计，专利数量TOP10的产业主体分别是杜邦公司（969项）、孟山都公司（476项）、巴斯夫公司（467项）、先正达公司（228项）、中国农业科学院作物科学研究所（207项）、拜耳作物科学（187项）、中国科学院遗传与发育生物学研究所（160项）、陶氏化学（151项）、南京农业大学（104项）、Ceres公司（72项）。

通过分析TOP10产业主体的专利所涉技术发现，杜邦公司在小麦分子育种领域起步较早，相关专利申请始于1982年，截至2019年一直有专利产出，2018—2020年专利数量占比为4%，主要技术涉及转基因技术、载体构建和单倍体育种。中国农业科学院作物科学研究所、中国科学院遗传与发育生物学研究所和南京农业大学在该领域研发起步较晚，但 2018—2020 年的创新活跃度很高，超过其他跨国公司，主要技术为转基因技术或分子标记辅助选择，可见中国产业主体虽然研究起步较晚，但近几年技术发展迅速，专利申请十分活跃。

对比 TOP10 产业主体的专利布局情况，各个产业主体首先在本国申请了大量专利，大部分国外产业主体有着完善的海外市场布局战略，而中国产业主体在其他国家申请的专利相对较少。

对比 TOP5 产业主体的技术分布情况，各个产业主体在 9 个技术方向均有布局，转基因技术是其主要技术。

新兴主题预测：利用 Emergence Indicator 算法对全球小麦分子育种转基因技术、载体构建、分子标记辅助选择、诱变育种、单倍体育种、基因编辑、细胞工程育种、基因挖掘技术和分子设计育种 9 个技术分类进行新兴主题计算，结果显示全球小麦分子育种技术领域的新兴技术点集中在 PCR 扩增（performing PCR amplification）、小麦品种（wheat varieties）、小麦基因组（wheat genome）、生物材料（biological material）、小麦育种（breeding wheat）、荧光信号（fluorescent signal）、分子量（molecular weight）、千粒重（thousand-grain weight）等。中国和美国是新兴主题的主要来源国家；中国农业科学院作物科学研究所、中国科学院遗传与发育生物学研究所和四川农业大学是新兴主题的主要产业主体，其创新活跃度较高，杜邦公司、Ceres 公司和孟山都公司的创新性得分均较低。

全球小麦分子育种主要产业主体竞争力分析：2011—2020 年，专利数量 TOP10 产业主体中，来自海外的产业主体均为大型跨国企业，我国主要产业主体主要为科研机构和高校，仅北京大北农科技集团股份有限公司一家企业，提示我国企业在小麦分子育种领域的创新竞争力尚不足，科研机构与企业联合发展具有广阔前景。

2011—2020年，杜邦公司和孟山都公司在小麦分子育种领域的技术重点是转基因技术、单倍体育种和基因编辑。中国农业科学院作物科学研究所和中国科学院遗传与发育生物学研究所的技术重点是转基因技术、分子标记辅助选择和基因编辑。中国农业科学院作物科学研究所、中国科学院遗传与发育生物学研究所、南京农业大学和四川农业大学4家机构在小麦分子育种领域的应用重点主要是优质高产和抗病，杜邦公司的应用重点主要是抗非生物逆境和抗虫，孟山都公司和北京大北农科技集团股份有限公司的应用重点则是抗虫和抗除草剂，巴斯夫公司和陶氏化学的应用重点是优质高产和抗除草剂，先正达公司的应用重点是抗虫和优质高产。

中国产业主体的专利申请总数量与国外产业主体相比，差距较大。杜邦公司共申请327项/1635件专利，其中授权且有效专利693件；中国产业主体的有效专利占比都较高，国外产业主体中，除孟山都公司外，其他国外产业主体的有效专利占比均低于50%。中国产业主体的专利运营情况不佳，国外产业主体的专利转让数量远大于中国产业主体的专利转让数量；专利变更中，北京大北农科技集团股份有限公司以84件排名第一。获取到Innography专利强度的TOP10产业主体专利5220件，专利强度≥80分的专利中，国外产业主体占有绝对优势（占比为85.14%）。

全球小麦分子育种高质量专利分析：定义Innography数据库中专利强度≥60分的专利为高质量专利。高质量专利产出的高峰为2000—2013年。美国高质量专利数量远远领先其他国家，为2850件，是排名第二的欧洲（314件）的9倍多；中国在该领域的高质量专利有151件，排名第三。美国拥有专利强度90～100分的专利最多，为274件。美国是高质量专利的主要技术流向地。全球高质量专利主要来自巴斯夫公司、杜邦公司、孟山都公司、先正达公司、拜耳作物科学等国际农化巨头企业，这些企业掌握了大量小麦分子育种的核心技术，国外产业主体中巴斯夫公司的高质量专利最多（526 件），中国产业主体中北京大北农科技集团股份有限公司的高质量专利最多（28 件）。在全球小麦分子育种高质量专利的技术应用方面，转基因技术中高质量专利数量最多，为 2902 件，其次是载体构建（814 件）、诱变育种（418 件）、分子标记辅助选择（416 件），分子设计育种是需要被重视的技术空白领域；在应用分类方面，优质高产领域高质量专利最多，为 1135 件，抗虫领域高质量专利为 1034 件。通过对失效高质量专利进行分析，发现 2000 年、2007 年是失效高质量专利产出的高峰，大多数专利涉及转基因技术和载体构建；主要失效原因包括 PCT 指定期满、专利申请公布后撤回、未缴年费、专利期限届满等。

全球小麦分子育种论文态势分析：截至 2020 年 11 月 9 日，共检索到 2000—2020 年全球小麦分子育种相关论文 40585 篇，进入 21 世纪后，全球或中国的小麦分子育种领域的发文量整体呈现快速发展的趋势。论文的主要来源国家是中国（9365 篇）、美国（7781 篇）、澳大利亚（3543 篇）、印度（3220 篇）、德国（2300 篇），中国相对于其他国家优势明显。美国农业部农业研究院（2002 篇）、中国科学院（1538 篇）、中国农业科学院（1479 篇）是全部作者发文 TOP3 机构；第一作者发文 TOP3 机构均来自中国，分别为中国科学院（902 篇）、西北农林科技大学（883 篇）、中国农业科学院（868 篇）。TOP20 机构总发文量为 14805 篇，占全部发文量的 36.78%，说明小麦分子育种领域的技术布局比较分散，TOP20 机构之外的大量机构也开展了相关的研究，且 TOP20 机构与其他机构之间存在大量的合作发文情况。

全球小麦分子育种领域发文的技术应用分布中，分子标记辅助选择是小麦育种发文量最多也是最受关注的技术，发文量为 8207 篇，转基因技术和基因挖掘发文量也较多，分别为 5257 篇和 4274 篇；在应用分类方面，生物技术应用最多的是培育优质高产的小麦品种，着力提升小麦质量及单位面积产量，提高小麦抗非生物逆境及抗病特性也是应用的重点，目前抗除草剂领域的发文量相对较少。高被引论文和热点论文的主要来源国家是美国（高被引论文 2616 篇，热点论文 353 篇）、中国（高被引论文 1881 篇，热点论文 633 篇）和澳大利亚（高被引论文 1277 篇，热点论文 198 篇）。澳大利亚的联邦科学与工业研究组织高被引论文数量最多（283 篇），中国科学院（227 篇）和美国农业部农业研究院（227 篇）并列第二。热点论文的发文机构除印度农学研究理事会、美国堪萨斯州立大学和华盛顿州立大学外，其余均为中国机构，可见我国 2019—2020 年在该领域的发文质量和影响力优势明显；其中，西北农林科技大学热点发文量最多（74 篇），中国农业科学院排名第二（60 篇），中国农业大学排名第三（43 篇）。

全球小麦分子育种领域的研究热点有 3 个：一是以小麦及小麦品种（wheat、barly、bread wheat）为中心，与基因（gene）、识别（identification）、种群（population）、多样性（diversity）、农艺性状（agronomic traits）等关键词共同组成的与小麦基因改良、位点识别及农艺性状改变相关的主题，该主题中还涉及 QTL 分析（QTL analysis）、遗传图谱（linkage map）、简单重复序列（SSR）等技术；二是聚焦小麦抗性（resistance）改良，如抗旱（drought tolerance）、耐盐（salt tolerance）、抗非生物逆境（abiotic tolerance）、抗氧化胁迫等（oxidative stress）；三是聚焦小麦相关的生理特性，如产量（yield）、施肥（fertilization）、氮（nitrogen）、温度（temperture）等。

7.2　启示与建议

以情报分析视角对全球小麦分子育种专利进行分析，可以看出美国在小麦分子育种领域占有绝对优势，杜邦公司、孟山都公司、巴斯夫公司等跨国大型产业主体的知识产权保护意识较强，在研发初期就能够敏感地捕捉技术空白点，抢在同类竞争者之前构建专利壁垒，以此作为市场开发的先导。此外，这些产业主体针对小麦转化事件中请专利时，将核心技术相关的特异性基因序列、外源基因、上游调控序列、基因转化和导入方法等一并纳入专利保护范围，实现从基因序列到转化产品全范围的技术垄断，阻止其他产业主体进行模仿和复制。正是有了强有力的知识产权保护网络，这些产业主体得以逐步控制国际种业局势，成为世界农业产业巨头。

与美国相比，我国现阶段在小麦分子育种领域的专利数量相对较少，专利质量、海外市场布局规模、核心技术竞争力等方面仍有待进一步提升。这与我国在该领域研究起步较晚，小麦育种技术体系仍在进一步完善，小麦产业化程度不高，相关从业人员对专利技术保护的意识薄弱等因素有关。分析显示，近些年我国相关专利数量增加迅速，小麦分子育种呈现蓬勃发展之势，充分说明我国政府大力支持小麦产业发展，从业人员也越来越重视知识产权的重要性。

2020 年 12 月 16 日—18 日在北京举行的中央经济工作会议上提出：保障粮食安全，关键在于落实藏粮于地、藏粮于技战略。要加强种质资源保护和利用，加强种子库建设。要尊重科学、严格监管，有序推进生物育种产业化应用。要开展种源“卡脖子”技术攻关，立志打一场种业翻身仗。

对我国相关政策制定者和管理人员来说，需认清我国在小麦分子育种领域的发展现状、技术创新水平及在知识产权保护方面的不足。应制定相关政策加大力度扶持我国小麦产业发展，从投入资金、科研项目等多角度对小麦分子育种技术开发进行支持；设立科研辅助机构或部门，从专利素材准备、专利技术描述、专利文档撰写等多方面引导科研人员提前进行相关技术的知识产权布局，切实提高科研人员的知识产权保护意识与效果；建立健全成果转化机制，鼓励具有市场应用前景的育种技术进行成果转化，可通过设立孵化器、科企联合等多种形式帮助科技成果落地。逐渐形成我国小麦育种技术的专利保护体系和网络，并增强我国小麦产业在国际市场中的竞争力。

对我国科研院所的科研人员来说，可凭借雄厚的科研力量与高层次研究人员队伍，充分发挥我国小麦分子育种主要产业主体的优势，集中力量研发优质高产、抗性优良、营养价值高、安全可靠的小麦品种。国内各研究机构需进一步提高自身水平、加强合作，促进先进技术与地方优势种质资源的互补与融合，加快小麦分子育种研究成果的商业转化，从良种角度保障粮食安全，把中国人的饭碗牢牢端在自己手上。科研院所在不断增强自身的科研实力的同时，要及时把握国内外新兴技术的发展脉络，重视多学科协同合作，开发更高效、更精准的技术平台和分析方法。例如，基因编辑是对作物自身基因组进行精确改造而无须插入外源基因片段，得到的产品与自然突变无异，因此，相较于常规转基因技术，基因编辑在分子育种中更具优势；而且，从专利角度而言，相比于基于特定基因或标志物的单点式专利申请，此类专利更具有通用性、体系性，有望形成有竞争力的专利族群。因此，建议我国对作物基因定点编辑技术研究提供更多的科研基金支持、更适宜的监管政策扶持，促进这一领域的快速发展，以抓住契机实现“弯道超车”[38]。中国科学院上海植物逆境生物学研究中心主任、美国科学院院士朱健康认为，对于 CRISPR-Cas9 这一基因编辑技术的核心专利掌握在国外手中的“卡脖子”问题是可以解决的。朱健康院士说：“现在除了国外的 Cas9，我国科学家发现的 Cas12i 和 Cas12j 为解决生命科学领域的‘卡脖子’技术问题奠定了稳固的基础，这两个蛋白很快会有专利授权，能够解决‘卡脖子’问题，不需要依靠国外 Cas9 的专利或者其他 Cas 专利。”我国科研人员也应提高专利意识，在某项技术的价值还未完全体现时，就要对其重要性做出判断并及时申请专利，进行全球专利布局和重点保护，减少或避免为了申报奖项、职称评审而申请的低价值专利。

对其他农业机构而言，从目前的普遍情况来看，各领域的核心技术和创新技术往往掌握在科研机构手中，而科研机构与跨国公司的团队实力差距较大，建议农业企业可加强与科研院校的联合攻关，增设相关专利服务部门，将中国的核心技术成果更好地进行产业化，防止重要的技术成果未得到有效的保护。

参 考 文 献

[1] 百度百科 . 小麦（禾本科小麦属植物）[EB/OL]. [2021-02-22]. https://baike.baidu.com/item/ 小麦 /10237?fr=aladdin.

[2] 何中虎 , 庄巧生 , 程顺和 , 等 . 中国小麦产业发展与科技进步 [J]. 农学学报 , 2018,8(1): 107-114.

[3] 张勇 , 郝元峰 , 张艳 , 等 . 小麦营养和健康品质研究进展 [J]. 中国农业科学 , 2016, 49(22): 4284-4298.

[4] 王美芳 , 雷振生 , 吴郑卿 , 等 . 黄淮冬麦区小麦产量及品质改良现状分析 [J]. 麦类作物学报 , 2013, 33(2): 290-295.

[5] 何中虎 , 夏先春 , 陈新民 , 等 . 中国小麦育种进展与展望 [J]. 作物学报 , 2011, 37(2): 202-215.

[6] ROSEGRANT M W, AGCAOILI M. Global food demand, supply, and price prospects to 2010[R]. Washington, D.C., USA: International Food Policy Research Institute, 2010.

[7] REYNOLDS M, FOULKES M J, SLAFER G A, et al. Raising yield potential in wheat[J]. Journal of Experimental Botany, 2009, 60: 1899-1918.

[8] FISCHER R A, EDMEADES G. Breeding and cereal yield progress[J]. Crop Science, 2010, 50: S-85-S-98.

[9] TRETHOWAN R M, MUJEEB-KAZI A. Novel germplasm resources for improving environmental stress tolerance of hexaploid wheat[J]. Crop Science, 2008, 48: 1255-1265.

[10] YANG W Y, LIU D C, LI J, et al. Synthetic hexaploid wheat and its utilization for wheat genetic improvement in China[J]. Journal of Genetics and Genomics, 2009, 36: 539-546.

[11] 何中虎 , 夏先春 , 罗晶 , 等 . 国际小麦育种研究趋势分析 [J]. 麦类作物学报 , 2006, 26(2): 154-156.

[12] XU Y B, CROUCH J H. Marker-assisted selection in plant breeding: from publications to practice[J]. Crop Science, 2008, 48: 391-407.

[13] DUBCOVSKY J. Marker assisted selection in public breeding programs: the wheat experience[J]. Crop Science, 2004, 44: 1895-1898.

[14] BAGGE M, XIA X C, Lübberstedt T. Functional markers in wheat[J]. Current Opinion in Plant Biology, 2007, 10: 211-216.

[15] GUPTA P K, LANGRIDGE P, MIR R R. Marker-assisted wheat breeding: present status and future possibilities[J]. Molecular Breeding, 2010, 26: 145-161.

[16] LI C J, ZHU H L, ZHANG C Q,et al. Mapping QTLs associated with Fusarium-damaged kernels in the Nanda 2419 × Wangshuibai population[J]. Euphytica, 2008, 163: 185-191.

[17] HE R L, CHANG Z J, YANG Z J, et al. Inheritance and mapping of powdery mildew resistance gene Pm43 introgressed from Thinopyrum intermedium into wheat[J]. Theoretical and Applied Genetics, 2009, 118: 1173-1180.

[18] LU Y M, LAN C X, LIANG S S, et al. QTL mapping for adult-plant resistance to stripe rust in Italian common wheat cultivars Libellula and Strampelli[J]. Theoretical and Applied Genetics, 2009, 119: 1349-1359.

[19] ZHANG Y L, WU Y P, XIAO Y G, et al. QTL mapping for milling, gluten quality, and flour pasting properties in a recombinant inbred line population derived from a Chinese soft hard wheat cross[J]. Crop & Pasture Science, 2009, 60: 587-597.

[20] LI S S, JIA J Z, WEI X Y, et al. An intervarietal genetic map and QTL analysis for yield traits in wheat[J]. Molecular Breeding, 2007, 20: 167-178.

[21] WANG R X, HAI L, ZHANG X Y, et al. QTL mapping for grain filling rate and yield-related traits in RILs of the Chinese winter wheat population Heshangmai Yu 8679[J]. Theoretical and Applied, 2009, 118: 313-325.

[22] HE Z H, YANG J, ZHANG Y, et al. Pan bread and dry white Chinese noodle quality in Chinese winter wheats[J]. Euphytica, 2004, 139: 257-267.

[23] HE Z H, LIU L, XIA X C,et al. Composition of HMW and LMW glutenin subunits and their effects on dough properties, pan bread, and noodle quality of Chinese bread wheats[J]. Cereal Chemistry, 2005, 82: 345-350.

[24] ZHANG Q J, ZHANG Y, HE Z H, et al Relationship between soft wheat quality traits

and cookie quality parameters[J]. Acta Agronomica Sinica, 2005, 31(9): 1125-1131.

[25] LIU L, HE Z H, YAN J, et al. Allelic variation at the Glu-1 and Glu-3 loci, presence of 1B/1R translocation, and their effect on mixgraphic properties in Chinese bread wheats[J]. Euphytica, 2005, 142: 197-204.

[26] LIU L, WANG A L, RUDI A, et al. A MALDI-TOF based analysis of high molecular weight glutenin subunits for wheat breeding[J]. Journal of Cereal Science, 2009, 50: 295-301.

[27] WANG L H, LI G Y, PEÑA R J, et al. Identification of novel allelic variants at Glu-A3 locus and development of STS markers in common wheat (Triticum aestivum L.)[J]. Journal of Cereal Science, 2010, 51: 305-312.

[28] WANG L H, ZHAO X L, HE Z H, et al. Characterization of low-molecular-weight glutenin subunit Glu-B3 genes and development of STS markers in common wheat (Triticum aestivum L.)[J].Theoretical and Applied Genetics, 2009, 118: 525-539.

[29] LIU L, IKEDA M T, BRANLARD G, et al. Comparison of low molecular weight glutenin subunits identified by SDS-PAGE, 2-DE, MALDI-TOF-MS and PCR in common wheat[J]. BMC Biology, 2010, 10: 124.

[30] 董玉琛，郑殿升 . 中国小麦遗传资源 [M]. 北京 : 中国农业出版社 , 2000.

[31] 何中虎 , 晏月明 , 庄巧生 , 等 . 中国小麦品种品质评价体系建立与分子改良技术研究 [J]. 中国农业科学 , 2006, 39(6): 1091-1101.

[32] 何中虎 , 夏先春 , 陈新民 , 等 . 中国小麦育种进展与展望 [J]. 作物学报 , 2011, 37(2): 202-215.

[33] LI Z F, LAN C X, HE Z H, et al. Overview and application of QTL for adult plant resistance to leaf rust and powdery mildew in wheat[J]. Crop Science, 2014, 54: 1-19.

[34] HE Z H, XIA X C, CHEN X M, et al. Wheat quality improvement in China: history, progress, and prospects[J]. Scientia Agricultura Sinica, 2007, 40: 91-98.

[35] 中国农业科学院农业知识产权中心 .《中国农业知识产权创造指数报告（2020 年）》[EB/OL].(2021-03-01)[2021-03-18].https://weibo.com/ttarticle/p/show?id=2309404610016731857383.

[36] 刘慧 . 加快推进农业现代化——二〇二一年中央一号文件述评之二 . [EB/

OL]. (2021-02-25) [2021-03-18]. http://www.moa.gov.cn/ztzl/jj2021zyyhwj/xcbd_26481/202102/t20210225_6362280.htm.

[37] 吴海燕, 吴涛. 小麦分子育种相关专利分析 [J]. 中国发明与专利, 2020, 17(S2): 43-50.

[38] 刘萍萍, 吕彬. 基于专利图谱的国内外转基因小麦研究现状分析 [J]. 农业图书情报学刊, 2015, 27(3): 69-74.

[39] 薛金成, 熊新, 吴建德. 专利视角下的中国转基因小麦研究现状及发展分析 [J]. 科技和产业, 2019, 19(1): 86-90.

[40] 中华人民共和国驻泗水总领事馆. 印尼成为最大小麦进口国 [EB/OL].(2017-02) [2020-8-25].http://surabaya.mofcom.gov.cn/article/jmxw/201802/20180202713867.shtml.

[41] 中国网. 我国稻谷小麦库存量满足一年以上消费需求 未动用中央储备粮 [EB/OL].(2020-04-04)[2020-8-25].http://news.china.com.cn/txt/2020-04/04/content_75896662.htm.

[42] 中国农业展望大会. 中国小麦展望报告 [R]. 北京: 中国农业科学院农业信息研究所, 2020.

[43] 农业农村部. 2020 年 1—7 月我国农产品进出口情况 [EB/OL].(2020-04-21)[2020-08-25].http://www.moa.gov.cn/ztzl/nybrl/rlxx/202009/t20200909_6351742.htm.

[44] 王关林, 方宏筠. 植物基因工程原理与技术 [M]. 北京: 科学出版社, 1998.

[45] VASIL V, CASTILLO A, FROMM M, et al. Herbicide Resistant Fertile Transgenic Wheat Plants Obtained by Microprojectile Bombardment of Regenerable Embryogenic Callus[J]. Nature Biotechnology,1992, 10: 667-674.

[46] WEEKS J T, ANDERSON O D, BLECHL A E. Rapid Production of Multiple Independent Lines of Fertile Transgenic Wheat (Triticum aestivum)[J]. Plant Physiology, 1993, 102(4): 1077-10847.

[47] BECKER D, BRETTSCHNEIDER R, LRZ H. Fertile transgenic wheat from microprojectile bombardment of scutellar tissue[J]. The Plant Journal, 1994, 5(2): 299-307.

[48] 阎新甫, 刘文轩, 王胜军, 等. 大麦 DNA 导入小麦产生抗白粉病变异的遗传研

究 [J]. 遗传 , 1994, 4(1): 26-30.

[49] CHENG M FRY J, PANG S, et al. Genetic Transformation of Wheat Mediated by Agrobacterium tumefaciens[J]. Plant physiology, 1997,115:971-980.

[50] XIA G M, LI Z Y, HE C X, et al. Transgenic plant regeneration from wheat (Triticum aestivum L.) mediated by Agrobacterium tumefaciens[J]. Acta Phytophysiologica Sinica, 1999, 25(1):22-28.

[51] 宋敏 , 刘丽军 , 苏颖异 , 等 . 抗草甘膦 EPSPS 基因的专利保护分析 [J]. 中国生物工程杂志 , 2010, 30(2): 147-152.

[52] 美国孟山都公司正式宣布暂停转基因小麦研发 . 中国科学院 [EB/OL]. (2004-05-13) [2021-03-18].http://www.cas.cn/xw/kjsm/gjdt/200906/t20090608_627603.shtml.

[53] 美国孟山都公司将重启“转基因小麦”试验 . 环球网 [EB/OL]. (2013-06-08) [2021-03-18].https://world.huanqiu.com/article/9CaKrnJAQ8t.

反侵权盗版声明

举报电话：（010）88254396；（010）88258888

传　　真：（010）88254397

E-mail：　dbqq@phei.com.cn

通信地址：北京市万寿路 173 信箱

　　　　　电子工业出版社总编办公室

邮　　编：100036